Raum und Zeit

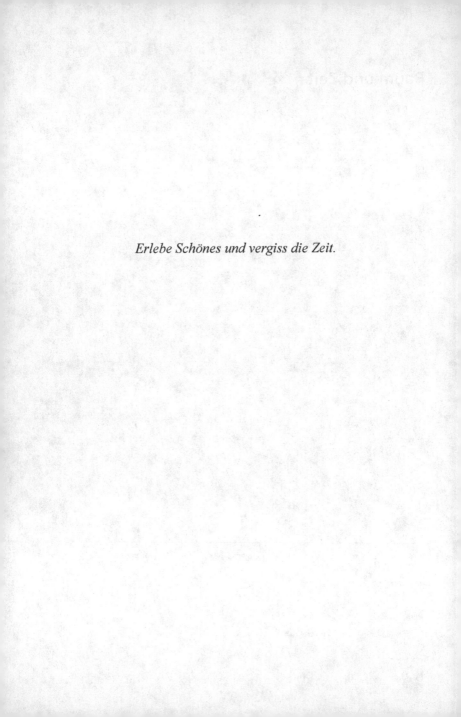

Erlebe Schönes und vergiss die Zeit.

Andreas Müller

Raum und Zeit

Vom Weltall zu den Extradimensionen –
von der Sanduhr zum Spinschaum

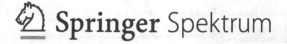

Dr. Andreas Müller
Technische Universität München
Exzellenzcluster Universe
Boltzmannstr. 2
85748 Garching

ISBN 978-3-8274-2858-5

Die Deutsche Nationalbibliothek verzeichnet diese Publikation in der Deutschen Natio-
nalbibliografie; detaillierte bibliografische Daten sind im Internet über http://dnb.d-nb.de
abrufbar.

Springer Spektrum
© Springer-Verlag Berlin Heidelberg 2013

Planung und Lektorat: Vera Spillner, Stefanie Adam
Einbandabbildung: Hauptbild: © Mag. Dr. Werner Benger; Konrad-Zuse-Zentrum für
Informationstechnik, Berlin; Max-Planck-Institut für Gravitationsphysik, Potsdam;
Center for Computation & Technology at Louisiana State University, USA; Institute for
Astro- and Particle Physics at University of Innsbruck, Austria. Bildreihe links: © James
Overduin, Pancho Eekels and Bob Kahn, Sanduhr: © Dmitry Rukhlenko – Fotolia.com,
Bildreihe Mitte: Andreas Müller, Bildreihe rechts: NASA, ESA and J. Hester (Arizona
State University)
Einbandentwurf: SpieszDesign, Neu-Ulm

Gedruckt auf säurefreiem und chlorfrei gebleichtem Papier

Springer Spektrum ist eine Marke von Springer DE. Springer DE ist Teil der Fachverlags-
gruppe Springer Science+Business Media.
www.springer-spektrum.de

Vorwort

Raum und Zeit scheinen uns so vertraut und selbstverständlich, dass wir uns gewöhnlich keine Gedanken darüber machen. Doch hat die Entwicklung der Physik gelehrt, dass es sich bei genauer Betrachtung ganz anders damit verhält, als die alltägliche Erfahrung suggeriert. Wie wir seit Einsteins „Wunderjahr" 1905 wissen, existieren Raum und Zeit nicht absolut und für sich selbst, sondern bilden eine Einheit – die Raumzeit. Und zehn Jahre später erkannte er, dass die Raumzeit selbst am dynamischen Geschehen teilnimmt und sich aus ihrer Krümmung die Effekte der Schwerkraft geometrisch verstehen lassen. Auf einfachen Prinzipien beruhend, erklären die Einstein'schen Feldgleichungen alle mit der Gravitation zusammenhängenden Beobachtungen, von der Planetenbewegung bis zur Expansion des Universums nach dem Urknall. Und das so genau, dass bis heute keine Messung eine Abweichung feststellen konnte.

Dennoch deuten zahlreiche Hinweise auf einen bevorstehenden Umbruch der Physik. Trotz ihrer überwältigenden Erfolge sind die Einstein'sche Theorie, welche die Physik bei großen Abständen beschreibt, und die Quantenmechanik (bzw. die Quantenfeldtheorie), welche für die physikalischen Vorgängen im Kleinen verantwortlich ist, unvollständig und möglicherweise sogar inkonsistent – u. a. schon deshalb, weil die beiden Theorien in ihrer gegenwärtigen Form einfach nicht zusammenpassen wollen! Die Suche nach einer Theorie der Quantengravitation, welche beide zusammenführen und ihre inneren Widersprüche auflösen soll, ist so zur größten Herausforderung der theoretischen Physik geworden. Aber trotz einer kollektiven intellektuellen Anstrengung ohne Beispiel in der Geschichte der Physik, an der sich weltweit viele theoretische Physiker beteiligen, sind wir der „richtigen" Theorie bis jetzt kaum näher gekommen.

Das vorliegende Buch führt den Leser an die Vorderfront der aktuellen Forschung. Nach einem ausführlichen Streifzug durch die Geschichte der Physik von Raum und Zeit bis zu ihrer Vereinigung in der Raumzeit, bei dem auch neueste Erkenntnisse (wie z. B. Dunkle Energie und Gravitationswellen betreffend) zur Sprache kommen, wendet es sich einigen der Ansätze zu, welche heute bei der Suche nach der Quantengravitation verfolgt werden. Neben der Stringtheorie, dem vielleicht aussichtsreichsten Ansatz, gehören dazu u. a. die Schleifenquantengravitation und Modelle, welche die Existenz weiterer Dimensionen der Raumzeit postulieren. Die Herausforderung, deren z. T. sehr esoterisches Formelwerk in eine verständliche Sprache zu übersetzen, hat Andreas Müller hervorragend gemeistert. So wird der Leser viel Spaß an dieser „Momentaufnahme" der aktuellen Forschung haben.

Hermann Nicolai
(Max-Planck-Institut für Gravitationsphysik, Golm)

Inhalt

Kapitel 1

Einführung

Raum und Zeit nehmen wir im Alltag als etwas Selbstverständliches wahr. Der Raum, das sind die drei Dimensionen Länge, Breite und Höhe. Sie bilden die „Bühne", auf der wir uns bewegen. Die Zeit ist das, was beständig verstreicht und was wir auf unseren Uhren ablesen können. Beides erleben wir als etwas Unbeeinflussbares, das wir so, wie es ist, hinnehmen müssen. Beides bestimmt unser Leben und unser Planen.

Es ist nun eine spannende Frage, ob wir das Wesen von Raum und Zeit begriffen haben, wenn wir von dem ausgehen, was wir davon im Alltag erleben. Die Physik der gut letzten hundert Jahre lehrt uns, dass Raum und Zeit viel mehr sind. Mittlerweile haben präzise Experimente den Nachweis erbracht, dass wir Raum und Zeit nicht getrennt voneinander betrachten dürfen, sondern sie als Raum-Zeit-Kontinuum oder kurz Raumzeit verstehen müssen. Dieses vierdimensionale Gebilde ist jedoch nichts Unveränderliches, sondern wird von Energieformen wie der Masse beeinflusst, man darf sogar sagen, geformt.

Ist es damit getan? Die moderne Forschung in der Physik legt nahe, dass wir auch damit nicht vollständig das Wesen von Raum und Zeit erfasst haben. Seit einigen Jahren kursieren sehr unterschiedliche physikalische Modelle und Theorien, die über das Konzept der kontinuierlichen Raumzeit hinausgehen. Vielleicht gibt es weitere Raumdimensionen neben den klassischen drei Dimensionen Länge, Breite und Höhe? Vielleicht sind Raum und Zeit selbst zerhackt, und es gibt eine Mindestlänge im Raum sowie eine Mindestzeitspanne, die beide fundamental sind und nicht unterschritten werden können? Sollte das so sein, wie könnte man das dann in einem Experiment überprüfen?

Welche Konsequenzen müssen wir aus solchen Experimenten und Tests ziehen? Was sagen uns derartige Beobachtungen über das Wesen von Raum und Zeit? Welchen praktischen Nutzen könnte das haben?

In diesem Buch soll es um die Konzepte von Raum und Zeit gehen, wie es uns die Naturwissenschaften, insbesondere Physik und Astronomie, nahe legen. Wir unternehmen nach der Zusammenfassung des klassischen Weltbilds und der Vorstellung des aktuellen Weltbildes den Versuch, in die wissenschaftlich spekulativen Bereiche vorzudringen, die womöglich eine „Physik von morgen" darstellen könnten. Bei aller Naturwissenschaft soll nicht zu kurz kommen, welche Bedeutung diese Erkenntnisse für unser Verständnis von der Welt und unser Selbstverständnis als in Raum und Zeit gefangene Menschen haben kann.

Kapitel 2

Der Raum

2.1 Raum im Alltag

Längst haben wir uns daran gewöhnt, dass wir durch Raum und Zeit reisen: Landkarten und Navigationssysteme leiten uns bequem von Ort A zu Ort B, ein Vorgang, der nun einmal einige Zeit beansprucht. Den Raum überwinden wir dabei mühelos und finden uns an einem neuen „Lebensraum" wieder. Der Raum hat sich allerdings nur insofern verändert, dass er mit einem neuen „Innenleben" ausgestattet wurde; vom Wesen her ist es immer noch das, was durch eine Länge, eine Breite und eine Höhe ausgezeichnet ist. Zumindest nehmen wir das so wahr.

Raum und Zeit sind vier vom Charakter her unterschiedliche **Dimensionen**, man könnte auch sagen Freiheitsgrade oder **Koordinaten**. Denn ein Körper hat die Freiheit, sich an einem bestimmten Ort, charakterisiert durch eine Länge, eine Breite und eine Höhe, und zu einer bestimmten Zeit, z. B. einem Datum mit Uhrzeit, zu befinden. Legt man einvernehmlich Nullpunkte fest, so kann man Länge, Breite, Höhe und Zeit einfach durch vier Zahlen festlegen. Wir messen Längen und Zeit *relativ* zu einem Bezugsort bzw. einer Bezugszeit. Das ist ein wichtiger Sachverhalt.

Stellen Sie sich vor, Sie verabreden sich zu einem Termin. Durch welche Angaben legen Sie den Treffpunkt fest? Nun, üblicherweise gibt man eine Adresse an, also durch die Angabe eines Landes plus einer Stadt plus eines Straßennamens und einer Hausnummer sowie einer Etage. Hätte sich die Menschheit darauf verständigt, dass man Straßennamen nur einmal vergeben könnte, so wäre offensichtlich, dass sich hinter dem Straßennamen eigentlich eine Raumdimension verbirgt. Wir könnten festlegen, dass dies die „Breite" sein soll. Sie müssen die Straße so lange entlanglaufen, bis Sie die richtige Hausnummer des Treffpunkts erreichen. Es wäre demnach sinnvoll zu vereinbaren, dass die Hausnummer die „Länge" festlegen soll und als 2. Raumdimension verstanden werden kann. Schließlich müssen Sie in dem betreffenden Haus in das richtige Stockwerk gehen, damit Sie Ihren Termin erwischen – im Keller könnten Sie unter Umständen ewig auf Ihr Treffen warten. Es kommt also noch die 3. Raumdimension, die „Höhe" dazu. Damit es wirklich zum Termin kommt, müssen Sie nicht nur räumlich (in allen drei Raumdimensionen) richtig sein, sondern auch pünktlich – es kommt also auch auf die Zeit an, zu der Sie sich am Treffpunkt einfinden. Das ist die vierte Angabe: die Zeit.

Als Nullpunkt haben wir in unserem christianisierten Kulturkreis die Geburt Jesu festgelegt und zählen die Zeit, die seither verstrichen ist. Wir geben dies als Datum an, d. h. Jahr, Monat und Tag, benötigen aber auch die richtige Uhrzeit am betreffenden Tag. Im Prinzip verbirgt sich dahinter eine Zeitangabe, die wir ebenso gut in Sekunden angeben könnten, die seit der Geburt Jesu vergangen sind. Dann wäre es nur eine einzige Zahl, die sich aber für den Alltagsgebrauch als zu unhandlich entpuppt hat. Insgesamt schließen wir daraus: *Vier Zahlen* legen Ihren Termin eindeutig fest. Dahinter verbirgt sich nichts anders als Raum und Zeit, die wir in Zahlen gefasst haben. In der Physik nennt man einen solchen Termin aus vier Zahlen auch ein *Ereignis*.

2.2   Raumkoordinaten und Raumskala

Ein Ereignis ist ein Punkt in Raum und Zeit, der mit vier Zahlen eindeutig charakterisiert werden kann. Um die Zahlen angeben zu können, müssen geeignete Nullpunkte festgelegt worden sein. Die vier Zahlen heißen auch *Koordinaten*.

Im Folgenden wollen wir unsere Betrachtung nur auf den Raum beschränken und nur die drei Raumkoordinaten Länge, Breite und Höhe betrachten. Es gibt viele verschiedene Koordinatensysteme, die sich im Wesentlichen dadurch unterscheiden, dass sie an die Symmetrie des betrachteten Raums angepasst sind. Ein Zimmer hat im Allgemeinen die dreidimensionale Form eines Quaders. Wir können willkürlich eine Ecke des Zimmers als Nullpunkt festlegen und von dort entlang der drei Kanten, die aus der Ecke hinauslaufen, drei Raumachsen benutzen, von denen eine die Länge, die zweite die Breite und die dritte die Höhe des Zimmers abmisst. Wir können einen beliebigen Punkt im Zimmer festlegen, indem wir angeben, wie weit man jeweils an den drei Raumachsen entlanggehen muss, bis wir den betreffenden Punkt erreichen (Abbildung 2.2.1).

Das oben beschriebene Zimmer mit den drei senkrecht aufeinanderstehenden Raumachsen bildet ein sogenanntes **kartesisches Koordinatensystem**. Dessen Verwendung bietet sich bei allen eckigen Gebilden und Räumen an.

Nun stellen Sie sich aber vor, Sie betreten einen halbkugelförmigen Raum, z. B. ein Planetarium.

Die Angabe eines Punkts in diesem Raum mithilfe der kartesischen Koordinaten ist zwar möglich, aber sehr unhandlich, weil sie nicht an die Symmetrie des Raums angepasst sind. Es bietet sich beim Planetarium an, ein neues, an die Symmetrie angepasstes Koordinatensystem zu verwenden: die **Kugelkoordinaten**. Hierbei gibt es einen nahe liegenden ausgezeichneten Punkt, nämlich denjenigen in der Mitte des Durchmessers des Planetariumbodens (Abbildung 2.2.2). Von hier aus gehen Halbgeraden in den Raum hinaus bis an die Planetariumdecke. Ein Punkt im Planetariumraum hat einen bestimmten, festen Abstand von dem Zentralpunkt. Aber das gilt auch für viele andere Punkte im Raum. Um eindeutig einen bestimmten Punkt angeben zu können, benötigt man noch zwei weitere Angaben, am besten zwei Winkel. Das lässt sich gut mit einem Globus vergleichen. Er wird durch die Äquatorebene in zwei Halbkugeln geschnitten. Die obere kann man direkt mit dem Planetariumraum vergleichen. Auf einem Globus gibt es zur Festlegung des Orts zwei

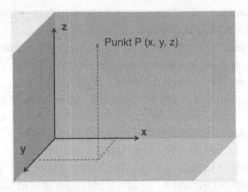

Abb. 2.2.1 Drei senkrecht aufeinanderstehende Raumachsen bilden ein „Zimmer", einen dreidimensionalen Raum. Ein beliebiger Punkt P im Raum wird durch die Angabe von drei Zahlen (x, y, z) eindeutig festgelegt, von denen man jeweils eine an der betreffenden Achse ablesen kann. Die drei Zahlen, Mathematiker nennen es ein Tripel, sind in diesem Fall die kartesischen Koordinaten. © A. Müller.

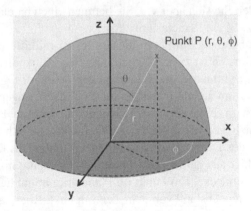

Abb. 2.2.2 Für einen halbkugelförmigen Raum, z. B. ein Planetarium, bietet sich ein anderes Koordinatensystem an, das an die Kugelform angepasst ist: Kugelkoordinaten. Ein beliebiger Punkt P im Raum wird hier eindeutig durch seinen Abstand vom Kugelzentrum, dem Radius r, sowie zwei Winkeln, dem Azimut ϕ und dem Poloidalwinkel θ, festgelegt. © A. Müller

Angaben, nämlich die geografische Länge und die geografische Breite. Im Prinzip sind es zwei Winkel. Man muss nur geeignet festlegen, wo man eine geografische Länge null und eine geografische Breite null hat. Es wurde so festgelegt, dass am Äquator die geografische Breite null ist und an den geografischen Polen 90°. Beim Nordpol beträgt sie +90° oder 90° nördliche Breite, und beim Südpol ist sie −90° oder 90° südliche Breite. Die geografische Länge wurde zu 0° festgelegt in Greenwich, einem Vorort von London. Von dort aus zählt man entweder in westliche oder in östliche Richtung, bis man 180° erreicht. Dabei gilt, dass 180° westliche Länge 180° östlicher Länge entspricht (Abbildung 2.2.3 und 2.2.4).

Sehr ähnlich geht man bei den Winkeln im Planetarium vor, nur dass man sie anders nennt. Die geografische Breite heißt dann Polarwinkel, und die geografische Länge heißt Azimut. Die Halbgerade, die vom Zentrum des Planetariums ausgeht, muss entsprechend um diese beiden Winkel gedreht werden. So kann man jeden Punkt am Planetariumhimmel erreichen.

Es gibt viele verschiedene Koordinatensysteme, vor allem weitere krummlinige Koordinatensysteme wie die Zylinderkoordinaten, die an eine Zylindersymmetrie angepasst sind. Solche Koordinaten eignen sich für Räume, die eine Form haben wie eine Säule oder in Systemen, die rotieren. Dann wählt man die Zylinderachse entlang der Rotationsachse des Systems.

Um die Lage eines Punktes im Raum angeben zu können, müssen wir messen. Und das geht nur, wenn wir entlang der Raumachsen oder auch krummen Linie eine **Längenskala** definiert haben. Wir müssen Abstände im Raum eichen, z. B. einen Meter als Maßstab verwenden. Diese Referenzlänge können wir z. B. an einem Meterstab ablesen. Irgendwann muss man sich auf eine solche Referenzlänge geeinigt haben. Dass es da durchaus viele Möglichkeiten gibt, zeigen die verschiedenen Längenmaße in unterschiedlichen Ländern, z. B. Kilometer versus Meile oder Fuß, Elle und Meter. Das Meter leitet sich vom griechischen Wort *metron* ab und bedeutet „Maß" oder „Länge". Es ist eine Standardeinheit im Système International und damit eine sogenannte SI-Einheit. Die internatio-

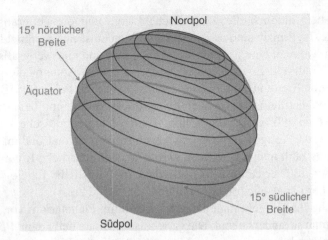

Abb. 2.2.3 Globus mit Breitenkreisen. Es handelt sich um Großkreise, mit denen auf einer Kugeloberfläche nördliche oder südliche Breite angegeben werden können.© A. Müller

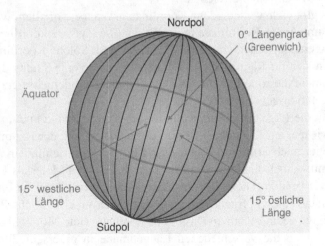

Abb. 2.2.4 Globus mit Längenkreisen. Zusätzlich zu den Breitenkreisen gibt es Großkreise, die westliche oder östliche Länge markieren. Erst beide Angaben zusammen – geografische Breite und geografische Länge – legen eindeutig einen Punkt auf der Kugeloberfläche fest. © A. Müller

nal festgelegte Abkürzung für Meter ist m. Die Verwendung als einheitliches Längenmaß verdanken wir den Franzosen, die das Meter im 18. Jahrhundert einführten. In Paris lagerte auch das sogenannte *Urmeter*, ein Stab aus dem Metall Platin, das bis 1889 den Standard definierte, was die Länge von einem Meter sei. Wie sich herausstellte, war diese Referenz ein recht ungenauer Maßstab, und so wurde der Meterstandard immer wieder neu definiert. Heutzutage hat man sich von konkreten Gegenständen als Referenz verabschiedet und benutzt die Vakuumlichtgeschwindigkeit, um das Meter sehr genau festzulegen. Ein Meter ist definiert als die Strecke, die das Licht im Vakuum in einer Zeit von 1 / 299.792.458 Sekunden zurückgelegt. Wie in den Natur-, Ingenieurswissenschaften und der Technik üblich, werden die üblichen Präfixe verwendet, um Vielfache von Einheiten anzugeben. In Bezug auf das Meter sind dabei gebräuchlich: 1 km = 1000 m (Kilometer), 1 dm = 10^{-1} m (Dezimeter), 1 cm = 10^{-2} m (Zentimeter), 1 μm = 10^{-6} m (Mikrometer), 1 nm = 10^{-9} m (Nanometer), 1 pm = 10^{-12} m (Pikometer) und 1 fm = 10^{-15} m (Femtometer). Natürlich ist die Festlegung eines Standardlängenmaßes reine Willkür. Neben der Längeneinheit Meter wurden je nach Fachgebiet weitere Einheiten eingeführt, die in der Praxis verwendet werden. Die gebräuchlichsten Längeneinheiten fasst die folgende Tabelle 2.1 zusammen.

2.3 Der Weltraum

Nach unserer Erfahrungswelt gibt es für den Raum keine Grenze. Der Raum hört jenseits der Erde nicht auf. Spätestens die Landung der Menschen auf dem Mond im Jahr 1969 belegte, dass der Raum – alle drei Dimensionen – auch jenseits der Erde existiert. Im Weltraum gibt es auch die drei Raumdimensionen, und es ist ein interessanter und nicht leicht zu führender Nachweis, ob das auch in beliebig großer Entfernung oder bei beliebig kurzen Abständen gilt.

Tab. 2.1: Gebräuchliche Längeneinheiten.

Name	Abkürzung	in Metern
Parallaxensekunde	pc	$3,09 \times 10^{16}$
Lichtjahr	Lj; internat.: lyr	$9,46 \times 10^{15}$
Astronomische Einheit	AE; internat.: AU	$1,50 \times 10^{11}$
Seemeile	sm	1852
Meile	mi	1482
Kilometer	km	1000
Meter	m	1
Fuß	ft	0,3
Zentimeter	cm	0,01
Millimeter	mm	0,001
Mikrometer	μm	10^{-6}
Nanometer	nm	10^{-9}
Angström	Å	10^{-10}
Femtometer	fm	10^{-15}
Planck-Länge	l_{Pl}	$1,6 \times 10^{-35}$

In der Kosmologie kennt man das sogenannte *kosmologische Prinzip*. Es besagt, dass alle Naturgesetze, die auf der Erde gelten, auch für das gesamte Universum gelten müssen. Das ist freilich zunächst eine Annahme, aber wie ihre rigorose Verwendung gezeigt hat, ist es eine Voraussetzung, die den Naturwissenschaften Erfolg bescherte. Es macht also Sinn, davon auszugehen, dass auch der Weltraum von drei Raumdimensionen und einer Zeitdimension aufgespannt wird. Raum und Zeit sind auch im Weltall die Bühne für das kosmische Geschehen.

In der Astronomie ist man daran interessiert, die Position eines Gestirns am Himmel zu charakterisieren. Das Himmelsgewölbe ist eine Himmelssphäre: Wir überblicken von unserem Beobachtungsstandort auf der Erde aus von innen eine Halbkugel, nämlich den momentan sichtbaren Himmel – wie im oben beschriebenen Planetarium. In der Astronomie heißen die beiden Winkel wiederum anders: Der Polarwinkel heißt Deklination, und der Azimut heißt Rektaszension. So kann man einen Punkt am Himmel eindeutig festlegen – das sind wieder zwei Raumdimensionen (wie in Abbildung 2.2.2). Darüber hinaus hat das Gestirn auch eine räumliche Entfernung, die sich in die Tiefe des Weltraums erstreckt – das ist die dritte Raumdimension. Es ist eine der Aufgaben der Astronomie, Methoden zur Entfernungsbestimmung zu finden und anzuwenden. Im Kapitel 4.8 werden wir darauf wieder zurückkommen.

2.4 Newtons absoluter Raum

Wenn wir vom Raum sprechen und Gegenstände im Raum lokalisieren möchten, benötigen wir, wie in Kapitel 2.2 ausgeführt, die drei Raumkoordinaten. Um die drei Zahlenangaben hinschreiben zu können, müssen wir sie **relativ zu einem Bezugspunkt** messen, d. h. einen Nullpunkt willkürlich festgelegt haben. Außerdem benötigen wir eine geeignete **Längenskala**. Das klingt so selbstverständlich, dass man sich darüber im Alltag keine Gedanken macht. Der „gesunde Menschenverstand" und Alltagserfahrungen machen es einem nicht leicht, in das Wesen von Raum und Zeit vorzudringen. Wir erleben Raum und Zeit als etwas Unbeeinflussbares, das alle auf gleiche Weise erfahren, was unsere Begriffe von absolutem Raum und absoluter Zeit prägte. Darauf basiert die Newton'sche Mechanik, der wir uns nun zuwenden wollen. Es handelt sich um eine erfolgreiche Beschreibung von sehr einfachen Bewegungsvorgängen. Den Umgang mit der Mechanik lernen schon Kinder in der Schule. Wir gehen dabei ganz selbstverständlich mit Raum und Zeit um und stellen einfache Berechnungen an. Dieses elementare Wissen ist auch im Alltag recht nützlich, wie das folgende Beispiel illustriert. Abbildung 2.4.1 zeigt einen Bus, der mit gleichbleibender Geschwindigkeit in einer Richtung immer geradeaus fährt. Er möge eine Geschwindigkeit von 50 km/h haben. An der Einheit der

Geschwindigkeit „Kilometer pro Stunde" können wir unmittelbar
ein Gesetz der Mechanik ablesen: *Geschwindigkeit* ist gleich Weg
durch Zeit.

In einem Weg-Zeit-Diagramm ist die Geschwindigkeit einfach
die Steigung der Geraden (mathematisch: Die erste Ableitung des
Weges nach der Zeit). Das zeigt Abbildung 2.4.2. Je steiler die
Gerade, desto schneller ist das bewegte Objekt (Abbildung 2.4.3).

In der Mechanik lässt sich weiterhin der Begriff der *Beschleunigung* (mathematisch: die zweite Ableitung des Weges nach der Zeit,
also die zeitliche Ableitung der Geschwindigkeit) einführen. Es
handelt sich dabei um eine Geschwindigkeitszunahme (oder -abnah-
me; dann ist es eine Abbremsung) pro Zeitintervall. Deshalb hat die
Beschleunigung die Einheit Weg pro Zeit zum Quadrat. Eine wichtige Klasse von beschleunigten Bewegungen ist die gleichmäßig beschleunigte Bewegung. Das geschieht beispielsweise bei Körpern
im Schwerefeld der Erde. Sie werden durch die Erdbeschleunigung
in jeder Sekunde um eine Geschwindigkeit von ungefähr zehn
Metern pro Sekunde beschleunigt. (Irgendwann erreicht diese Beschleunigung einen Maximalwert, weil die Luftreibung eine weitere
Abbremsung bewirkt. Vernachlässigt man die Luftreibung, ist dann
ist die Beschreibung mit der gleichmäßigen Beschleunigung eine
sehr gute Näherung.) Die Beschleunigung ist ein gutes Thema, um
zur Schwerkraft überzuleiten. Der italienische Naturforscher Galileo Galilei (1564–1642) und der englische Physiker und Mathematiker Sir Isaac Newton (1643–1727) gehören hier zu den großen
Naturwissenschaftlern, die die Mechanik und die Schwerkraft auch
quantitativ akribisch erforscht haben und auf Naturgesetze gesto-
ßen sind. Galileis Fallexperimente, die er am Schiefen Turm von
Pisa durchführte, sind ebenso legendär wie seine Experimente mit
Pendeln und von rollenden Körpern auf der schiefen Ebene. Er entdeckte, dass man komplexe Bewegungen auch aus der Überlagerung
von einfachen Bewegungen beschreiben kann (Superpositionsprin-
zip), und er berechnete u. a. die Parabelbahn von im Schwerefeld
der Erde geworfenen Körpern. Newton muss als ebenbürtiges Genie
bezeichnet werden. Er begründete, zeitgleich mit Gottfried Wilhelm

Abb. 2.4.1 Ein Bus fährt mit einer gleichbleibender Geschwindigkeit von 50 km/h immer geradeaus. Nach 30 Minuten Fahrt hat er 25 Kilometer zurückgelegt. Geschwindigkeit entspricht Weg pro Zeit. © A. Müller

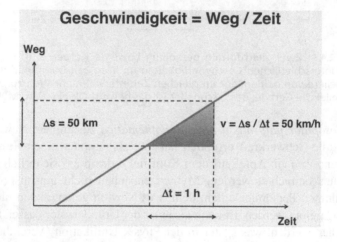

Abb. 2.4.2 In diesem Weg-Zeit-Diagramm ist die Geschwindigkeit einfach die Steigung der Geraden. Wenn das Fahrzeug sich gleichförmig geradlinig bewegt und nach einer Stunde 50 Kilometer zurückgelegt hat, so fährt es folgerichtig 50 km/h.© A. Müller

Leibniz (1646–1716), die Differenzial- und Integralrechnung, ein bis heute unverzichtbares mathematisches Werkzeug für Naturwissenschaftler und Ingenieure. Viele Gesetze der Mathematik und Physik fasste Newton in seinem wegweisenden Monumentalwerk

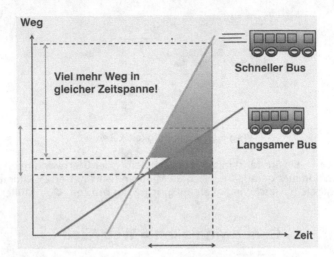

Abb. 2.4.3 Zwei gleichförmig geradlinig bewegte Körper, z. B. Busse, mit unterschiedlichen Geschwindigkeiten im Weg-Zeit-Diagramm. Der Schnellere von beiden legt im gleichen Zeitintervall mehr Weg zurück. Je steiler die Gerade, desto schneller ist das bewegt Objekt. © A. Müller

Philosophiae naturalis principia mathematica zusammen. Newton soll „die Schwerkraft erfunden haben", als er unter einem Baum saß und ihm ein Apfel auf den Kopf fiel – das muss sicherlich als Mythos betrachtet werden. Mythen entstehen nicht umsonst von berühmten Persönlichkeiten, denn was Newton gelang, kann nicht genug gelobt werden. Er kann als einer der Gründervater dessen angesehen werden, was später in der Physik Unifikation (Vereinheitlichung) genannt wurde. Newton war kühn genug vorauszusetzen, dass die Gesetze auf der Erde auch am Himmel gelten. Das war keineswegs selbstverständlich zu damaliger Zeit, war der Himmel doch der Ort der Götter, wo „göttliche Gesetze" regieren. Ende des 17. Jahrhunderts gelang es Newton, die von Johannes Kepler (1571–1630) gemachten Beobachtungen der Bewegungen von Gestirnen physikalisch zu erklären. Er folgerte nämlich, dass es eine anziehende Kraft zwischen der Sonne und den Planeten geben müsse. Seinen Berechnungen zufolge musste diese Kraft mit der Entfernung abnehmen, präzise gesagt mit dem Abstand zum Quadrat. Newton hatte das Gesetz der Schwerkraft entdeckt! Diese Kraft spüren generell Massen untereinander, und deshalb ziehen sie sich an. Betrachten wir vereinfachend nur zwei Massen. Entfernt man die beiden voneinander, so nimmt die Gravitationskraft ab, bei Verdopplung des Abstands ist es nur noch ein Viertel der Kraft; bei Vervierfachen der Entfernung ist es nur noch ein Sechzehntel usw. Es gibt bei diesem Kraftgesetz eine Proportionalitätskonstante, die experimentell bestimmt werden muss. Sie heißt zu Newtons Ehren Newton'sche Gravitationskonstante und ist – wie wir später besprechen (Kapitel 5.2) werden – die Kopplungskonstante der Gravitation.

Wie sich später – mit der Relativitätstheorie im 20. Jahrhundert –, herausstellte, gilt die Newton'sche Gravitation nur im Grenzfall kleiner Geschwindigkeiten (gegenüber der Vakuumlichtgeschwindigkeit) und für nicht allzu kompakte Massen (gegenüber einem Schwarzen Loch). Ob die Newton'schen Gravitationsgesetze auch bei den sehr kleinen Abständen der atomaren und subatomaren Welt, also im Regime der Quantenphysik, gelten, wird mit verschiedenen Experimenten untersucht. Bislang beschreiben sie auch die Welt im Kleinen sehr gut. Darauf werden wir noch genau im Kapitel 5 zu sprechen kommen.

Auf Newton gehen auch weitere, wichtige Bewegungsgesetze zurück. Heute lernt man sie in der Schule als *Newton'sche Gesetze*. Sie heißen Trägheitsgesetz (1. Newton'sches Gesetz), Aktionsprinzip oder dynamisches Grundgesetz (2. Newton'sches Gesetz) und Reaktionsprinzip (3. Newton'sches Gesetz). Es lohnt sich, das Trägheitsgesetz etwas genauer zu besprechen. Mit Trägheit bezeichnen die Physiker in der Mechanik den Widerstand, den eine Masse entgegensetzt, wenn man sie aus ihrem derzeitigen Bewegungszustand bringen will. Wir kennen alle morgens das Gefühl, dass man gar nicht aufstehen möchte – Massen geht es da ganz ähnlich. Es muss zunächst die Trägheit der Masse überwunden werden, um sie vom Ruhezustand in Bewegung zu bringen. Das gleiche Spiel passiert, wenn sich die Masse bewegt und abgebremst werden soll. Die Masse tendiert dazu, ihren Bewegungszustand beizubehalten. Crashtest-

Dummys können ein Lied davon singen. In voller Schönheit lautet das 1. Newton'sche Gesetz prosaisch formuliert: *„Ein Körper verharrt im Zustand der Ruhe oder gleichförmig geradlinigen Bewegung, wenn er nicht durch von außen wirkende Kräften gezwungen wird, seinen Zustand zu ändern."*

Newtons 2. Gesetz ist das Aktionsprinzip oder das dynamische Grundgesetz. In seiner später geläufigen Form F = ma ist es den meisten Schülern bekannt. Es besagt, dass die beschleunigende Kraft F sich ergibt aus dem Produkt von beschleunigter Masse m und Beschleunigung a. Eigentlich steckt hier schon eine Annahme drin, nämlich dass sich die Masse zeitlich nicht ändert – was in den meisten Alltagsbeispielen auch gilt. Das gilt nicht bei einer beschleunigenden Rakete, die beim Flug infolge des Treibstoffverbrauchs an Masse verliert. In seiner allgemeingültigen Form bedeutet das Gesetz, dass die zeitliche Ableitung des Impulses gleich der Kraft ist.

Schließlich haben wir noch das Reaktionsprinzip. Es wird manchmal knapp als *actio gleich reactio* umschrieben und heißt, dass von einem Körper bei einer auf ihn wirkenden Kraft (*actio*) eine gleich große, aber entgegengesetzt wirkende Kraft (*reactio*) ausgeht.

In der Mechanik kann man ausgedehnte Massen sehr trickreich beschreiben. Man stellt sich einfach vor, dass die gesamte Masse des Körpers in seinem Schwerpunkt vereint ist und beschreibt dann Bewegungen des Körpers, als ob er eine Punktmasse sei. Das ist zwar eine drastische Vereinfachung, aber dennoch beschreibt es die Bewegung recht gut und taugt auch für Vorhersagen.

Halten wir fest: Wir verwenden in den hier beispielhaft dargestellten mechanischen Problemen die Länge und Zeit ganz selbstverständlich als „festen Grundrahmen" zur Beschreibung des Problems. In der klassischen Mechanik sind sowohl der Raum als auch die Zeit absolut, d. h. unbeeinflussbar. Sie sind selbst nicht dynamischer Gegenstand der Betrachtung.

Kann es einen „Raum an sich" – Raum in Abwesenheit von allem anderen – geben? Das ist fast schon eine philosophische Frage. Wodurch wäre dieser „Raum an sich" charakterisiert? Es klingt nach einem „perfekten Nichts", mit dem man auch nichts anfangen kann. Wenn wir einmal genau betrachten, wie wir von Raum reden und wie wir ihn charakterisieren, dann finden wir immer Bezugsobjekte im Raum, sprich Materie. Wie Bojen auf dem Meer, benötigen wir Testteilchen im Raum, um Raum zu definieren. Raum hat einen *relationalen* Charakter, weil er von den Dingen im Raum abhängt. Das ist ein vielversprechender Ansatz: ohne Materie kein Raum. Und ohne Raum gibt es keine „Bühne" für die Materie. Diese Überlegungen führen uns geradewegs zum sogenannten **Mach'schen Prinzip**. Dieses Prinzip ist benannt nach dem österreichischen Physiker Ernst Mach (1838–1916). Den Namen Mach verbinden wir übrigens mit der Machzahl und der Mach'schen Geschwindigkeit. Fliegt ein Düsenjet mit Machzahl 1, so hat er gerade die einfache Schallgeschwindigkeit im Medium Luft erreicht – ca. 330 m/s; bei Mach 2 ist es die doppelte Schallgeschwindigkeit usw. Im Kern besagt nun das Mach'sche Prinzip, dass es keinen absoluten Raum gibt, gegenüber dem die Bewegung eines Körpers zu beschreiben wäre. Vielmehr macht es nur Sinn, die Bewegung von Körpern untereinander zu beschreiben, d. h. die Bewegung eines Körpers in Bezug auf einen anderen Körper. **Relativbewegungen** sind entscheidend. Das war ein wichtiger Ansatzpunkt für Albert Einstein, der Anfang des 20. Jahrhunderts die Relativitätstheorie veröffentlichte (Kapitel 4). Wie sich im Rahmen der Relativitätstheorie herausstellte, ist der Vergleich von Bezugssystemen (Kapitel 3.8, Kasten „Bezugssystem, Inertialsystem, Relativitätsprinzip") relativ zueinander wesentlich, um die Physik zu beschreiben. Diese Sichtweise stimmt bis heute hervorragend mit den experimentellen Beobachtungen überein und hat sich somit bewährt.

Kapitel 3

Die Zeit

3.1 Zeit im Alltag

Die Zeit stellt neben den drei Raumdimensionen Länge, Breite und Höhe eine vierte fundamentale Dimension dar, die unseren Alltag bestimmt. Wir unterliegen dem Diktat der Zeit, und man könnte so weit gehen zu sagen, dass sie unsere Lebensplanung regiert. Es fängt schon morgens mit dem Aufstehen an, wenn der Wecker klingelt und uns die Zeit signalisiert, dass es Zeit ist, in den Tag zu starten. Tagsüber nehmen wir einen von der Zeit vorgegebenen Termin nach dem anderen wahr, bis schließlich abends der Tag zur Neige geht, wir von den Strapazen des Alltags müde sind, zu Bett gehen und am nächsten Morgen der Zyklus von vorn beginnt. An der Zeitspanne eines Tages können wir bereits sehen, dass wir die Zeit offenbar in willkürliche Abschnitte unterteilen können. Der Tag wird bestimmt durch den scheinbaren Lauf der Sonne um die Erde. Tatsächlich ist es jedoch die Erde, die sich bewegt, nämlich sich in etwa 24 Stunden einmal um die eigene Achse dreht. Nach Ablauf von ca. 24 Stunden ist die Sonne wieder am (fast) gleichen Himmelsort, sodass der Tageszyklus von vorn beginnt. Wir wissen allerdings auch, dass sich die Tageslänge mit den Jahreszeiten verändert.

Der Grund ist, dass die Länge der scheinbaren Sonnenbahn am Himmel über den Zeitraum eines Jahres hinweg variiert: Im Sommer sind die Sonnenbahn und somit auch die Tage am längsten; im

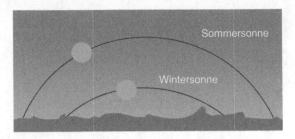

Abb. 3.1.1   Tagbogen. Die scheinbaren Bahnen der Sonne am Himmel im Sommer und im Winter. © A. Müller

Winter zieht die Sonne nur einen kleinen Bogen über den Himmel, sodass hier die Tage am kürzesten, die Nächte also am längsten sind.

Mit dem Jahr haben wir einen weiteren Zyklus, der letztendlich kosmisch bedingt ist. Nach Ablauf eines Jahres oder 365 Tagen hat der Planet Erde eine komplette Bahn um die Sonne vollendet. Die vier Jahreszeiten Frühling, Sommer, Herbst und Winter werden dabei verursacht durch die relativ zur Erdbahnebene geneigte Erdachse in Kombination mit der jährlichen Bahnbewegung der Erde.

Diese Neigung bedingt während des Ablaufs eines Jahres einen unterschiedlichen Einfallwinkel der Sonnenstrahlung: Treffen sie unter einem flachen Winkel auf, können sie die Erde kaum erwärmen, und es ist (auf der betreffenden Halbkugel) Winter. Steht die Sonne hoch am Himmel, so treffen die Sonnenstrahlen unter einem großen Winkel nahe 90° auf – dann ist Sommer. Bei mittleren Einstrahlwinkeln haben wir Frühling oder Herbst und gemäßigte Temperaturen – nicht zu heiß und nicht zu kalt.

Das Jahr können wir in weitere Zeitabschnitte unterteilen. Da haben wir zum einen den „Monat", in dem der Name des Mondes steckt. Nach durchschnittlich 27,3 Tagen hat der Mond nämlich alle Mondphasen von Neumond über zunehmenden Mond, Vollmond und abnehmenden Mond durchlaufen. Das entspricht fast der Länge eines Monats. Außerdem hat der Monat ungefähr vier Wochen. Die Bibel lehrt, dass die sieben Tage Montag, Dienstag, Mittwoch, Donnerstag, Freitag, Samstag und Sonntag den Zyklus einer Woche

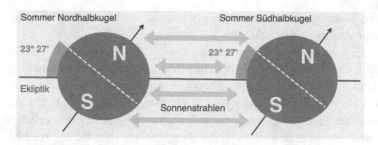

Abb. 3.1.2 Ekliptik und Jahreszeiten. Die Rotationsachse der Erde ist um ca. 23,5° gegenüber der Ebene geneigt, in der sich die Planeten um die Sonne bewegen. Dadurch variiert im Verlauf eines Jahres der Winkel, unter dem die Sonnenstrahlen auf die Erde treffen. Die unterschiedliche Erwärmung bedingt dann die Jahreszeiten. © A. Müller

festlegen. Diese Zeiteinteilung ist also ein Erbe der Christianisierung, geht aber ursprünglich schon auf die Babylonier zurück. Die Namen der Wochentage sind in unserem Kulturkreis auch großteils germanisch geprägt. Montag geht auf den Mond zurück (frz. *lundi*; enthält „Luna"); Dienstag, frz. *mardi*, beruft sich auf den germanischen Gott Tyr bzw. den römischen Kriegsgott Mars; Mittwoch, frz. *mercredi*, kommt vom römischen Gott Merkur und wurde im Zuge der Christianisierung zu Mittwoch; Donnerstag hat seinen Ursprung beim germanischen Gott Donar und steht auch in Zusammenhang mit dem griechischen Gott Zeus; Freitag leitet sich von der germanischen Göttin Freya ab und steht auch in Zusammenhang mit der römischen Göttin Venus; Samstag (engl. *Saturday*) steht in Zusammenhang mit dem römischen Gott Saturn, und schließlich leitet sich der Sonntag von der Sonne ab. Die hellsten Gestirne des Himmels – Sonne, Mond und helle Planeten – stecken also in unserer Woche und zeugen vom kulturhistorischen Aspekt der Astronomie.

Unsere künstlich geschaffene Zeitrechnung mit Kalendern weicht allerdings nach einiger Zeit von den kosmischen Zyklen ab. Dann müssen wir korrigieren und unsere Zeitrechnung wieder mit der Natur synchronisieren. Das gelingt durch Einführung zusätzlicher Zeitabschnitte, nämlich Schaltsekunde und Schaltjahr.

Zeit ist auch ein Taktgeber des Lebens. Wir kennen alle das Gefühl, dass wir morgens nach dem Frühstück voller Tatendrang sind, dann am Vormittag einiges erledigen, mittags nach dem Mittagessen eher müde sind und später nachmittags wieder geschäftig der zweiten Tageshälfte nachgehen. Untersuchungen der körperlichen Fitness und Leistungsfähigkeit haben ergeben, dass beides zur Mittagszeit „in den Keller" geht. Unser Biorhythmus koppelt nämlich an den Tageszyklus. Weiterhin ist über den Verlauf eines Jahres ebenfalls eine Variation feststellbar, nämlich die „Herbst- und Winterdepressionen", wenn es in die kalte und dunkle Jahreszeit geht, die „Frühjahrsmüdigkeit", wenn wir in die langen, hellen und warmen Tage starten, und ein Leistungshoch im Sommer.

3.2 Historisches

Die Menschen haben recht früh begonnen, die natürlichen Zyklen des Himmels für die Zeitrechnung (Chronologie) zu nutzen. So finden wir noch heute Tag, Monat und Jahr in unseren **Kalendern**. Die frühen Menschheitskulturen wie prähistorische Volksgruppen bei Stonehenge (um 3000 vor Christus), die Babylonier (um 2000 vor Christus) oder die Maya um 0–1000 nach Christus verfügten über weitreichende Kenntnisse, um Kalender herzustellen. Damals waren Astronomie und Astrologie noch eng miteinander verbunden – eine Verbindung, die erst mit dem Zeitalter der Aufklärung im 17. und 18. Jahrhundert aufgebrochen wurde.

Die Sumerer und die Babylonier waren Hochzivilisationen, die in Mesopotamien, dem Zweistromland zwischen Euphrat und Tigris, dem heutigen Irak, ansässig waren. Ihnen verdanken wir viel. Salopp gesagt geht die Mathematik auf die Sumerer und die Astronomie auf die Babylonier zurück. Es ist faszinierend, dass wir noch heute ihren Einfluss z. B. im Sexagesimalsystem ablesen können. Dieses Zahlensystem basiert auf der Zahl 60, die wir noch im Zeit- und Winkelmaß wiederfinden. So entsprechen im Zeitmaß 60 Sekunden einer Minute und 60 Minuten einer Stunde bzw. im Winkelmaß 60 Bogensekunden einer Bogenminute und 60 Bogenminuten einem Winkelgrad. Die Historiker streiten sich, weshalb gerade die Zahl 60 eingeführt wurde. Vermutlich besteht ein Zusammenhang mit dem Mondzyklus, der fast genau 30 Tage („kleine Erdzyklen") dauert, und dem Jahr („großer Erdzyklus"), das aus 12 Mondzyklen oder 365 Tagen besteht.

Die Maya-Kultur ist dafür bekannt, dass astronomisches und chronologisches Wissen sehr weit fortgeschritten war. Es hatte in ihrer Kultur Vorteile, die Zeiten für Aussaat und Ernte sehr genau zu kennen oder vorhersagen zu können. Natürlich waren Mond- und Sonnenfinsternisse besonders einschneidende Ereignisse, deren Vorhersagen gemacht werden konnten. Hierbei wussten die Priester-Astronomen in der Maya-Kultur geschickt ihr Wissen zu nutzen, um Unkundige zu beeindrucken und damit an sich zu binden. Ein berühmtes Beispiel sind die Licht- und Schattenspiele in architektonischen Bauwerken, die an besonderen Tagen im Jahr – und nur dann – sichtbar werden. So gibt es die Maya-Pyramide des Kukulcán in Chichén Itzá, an der sich unter passendem Sonnenstand der Schatten einer Schlange an der steil ansteigenden Kante abzeichnet (Abbildung 3.2.1).

Dies geschieht nur zweimal im Jahr zur Tag-und-Nacht-Gleiche im Frühjahr und im Herbst. Die meiste Zeit über ist der Schlangenkörper nicht sichtbar.

Die Maya-Kultur ist bekannt für den Maya-Kalender. Er beruht auf dem Vigesimalsystem, also der Zahl 20. Wie man gerade auf diese Zahl kommt, kann man sich buchstäblich aus den Fingern saugen. Denn vermutlich kommt man auf die 20 durch Abzählen der zehn Finger in Verbindung mit Drehen der Handflächen ($2 \times 10 = 20$), oder man zählt Finger und Zehen zusammen.

In letzter Zeit wurde dem Maya-Wissen wieder eine erhöhte öffentliche Aufmerksamkeit zuteil, weil das Ende des Maya-Kalenders am 21. Dezember 2012 eintritt. Viele interpretieren das gerne

Abb. 3.2.1 Maya-Pyramide des Kukulcán in Chichén Itzá. © Shawn Christie, Plymouth, USA

sensationsheischend als ein Datum für den Weltuntergang. Aber Maya-Kenner sprechen hier lediglich von dem Ende eines Zyklus im Maya-Kalender und lassen die Interpretation offen. Vermutlich wird dieser Stichtag ähnlich normal verlaufen wie der 01.01.2000.

3.3 Zeitmessung und Uhren

Zeit nehmen wir anhand von Veränderungen wahr. Die Zeit können wir messen, indem wir regelmäßig wiederkehrende Ereignisse dazu benutzen. Wir müssen dann nur zählen, wie oft das wiederkehrende Ereignis auftrat. Bei bekannter Dauer des Zyklus, der Periodendauer, folgt dann mit der Zählung der Perioden die Gesamtdauer der verflossenen Zeit. Das ist das ganz simple Prinzip der Zeitmessung mit **Uhren**. Etwas eleganter ausgedrückt hat jede Uhr einen Taktgeber (bekannte Zyklus- oder Periodendauer) und einen Zähler.

Betrachten wir als Beispiel ein mechanisches Pendel. Das Pendel schwingt gleichmäßig hin und her und legt mit einer Periode – einmal Hin- und Herschwingen – die Periodendauer fest. Dabei ist die Periodendauer unabhängig vom Ausschlag. Es ist demnach egal, wie stark man das Pendel anstößt, es wird immer gleich schnell ticken. Das Pendel ist mit einem Zählwerk verbunden, das ganz einfach mitzählt, wie viele Perioden bereits verstrichen sind. Aus der Multiplikation des Zählerstands mit einer einzelnen, festen Periodendauer folgt so die verstrichene Zeit.

Eine Pendeluhr ist bereits ein recht kompliziertes, technisches Gerät. Die Anfänge der Zeitmessung basierten auf viel primitiveren Uhren. Eine der ersten Uhren war der Pulsschlag, freilich eine recht ungenaue Uhr, aber eine simple, einfach verfügbare Möglichkeit, um Zeitdauern zu messen. Andere Frühformen von Uhren maßen den Durchfluss einer Flüssigkeit oder von Sand. Je mehr Material durchgeflossen war, umso mehr Zeit war verstrichen, etwas, was man mit einem Auffangbehälter an einer Skala ablesen konnte. So funktionieren z. B. **Sand-, Wasser- und Öluhren** (Abbildung 3.3.1).

Der in Kapitel 3.1 angesprochene Lauf der Sonne ist eine naheliegende und natürliche Uhr. Der Tagbogen beschreibt die scheinbare Bahn der Sonne über das Firmament. Entsprechend variiert der Schattenwurf eines senkrecht aufgestellten Stabes: Morgens und abends, wenn die Sonne tief am Horizont steht, sind die Schatten lang; zur Mittagszeit erreicht die Sonne den höchsten Punkt ihrer Bahn, und die Schatten werden am kürzesten. Steht sie im Sommer senkrecht über dem Stab, gibt es sogar keinen Schatten. Mit dem Schattenwurf lässt sich somit eine natürliche Uhr konstruieren: die **Sonnenuhr**. Man muss die Uhr lediglich eichen, indem man zu jeder vollen Stunde eine Markierung setzt. Diese Stundenskala variiert über den Verlauf eines Jahres infolge der zur Bahnebene geneigten Erdachse (Schiefe der Ekliptik; siehe Abbildung 3.1.2). Deshalb ist die Skala etwas komplizierter abzulesen. Natürlich funktioniert die Sonnenuhr nur bei Sonnenschein, also tagsüber und bei unbewölktem Himmel. Heute noch gibt es viele Gebäude, die eine Sonnenuhr

Abb. 3.3.1 Wasseruhr aus gebranntem Ton um 400 v. Chr. Fundort: Quelle in der Südwestecke der Agora, Athen. Diese sogenannte Klepshydra wurde für den Gerichtshof von Athen zur Begrenzung der Redezeit benutzt. Bei Beginn der Rede wird der Stöpsel entfernt. Mit einem Fassungsvermögen von 6,4 Litern dauerte die Entleerung sechs Minuten. © akg-images / John Hios

ziert. Ein wunderschönes Exemplar befindet sich in Sachsen in der Stadt Görlitz und wird separat im Kasten „Die Sonnenuhr in Görlitz" beschrieben.

? Die Sonnenuhr in Görlitz

In der sächsischen Stadt Görlitz befindet sich am Untermarkt eine sehr eindrucksvolle und schöne Sonnenuhr. Die Uhrenanlage besteht aus einem „Solarium" zum Ablesen der Zeit und aus der „Arachne", die astronomische und astrologische Daten zur Sonnenposition anzeigt. Hier soll nur das „Solarium" in Abbildung 3.3.2 beschrieben werden.

Die ursprüngliche Uhrenanlage wurde 1550 von Zacharias Scultetus (1530–1560) erbaut. Es wird angenommen, dass nach dessen Tod ▶

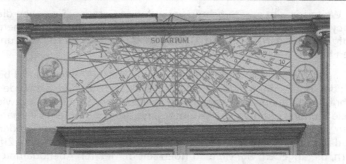

Abb. 3.3.2 Sonnenuhr in Görlitz. © Lutz Pannier, Görlitz

▶ sein Bruder Bartholomäus Scultetus (1540–1614), ein Astronom, die Anlage betreute.

Über dem Ziffernblatt befindet sich ein Stab, der einen Schatten auf das Ziffernblatt wirft. Das Ende des Schattens ist der „Zeiger", der dem kundigen Betrachter eine Fülle an Informationen liefert.

Die grün-weiß karierte, waagerecht verlaufende Linie heißt *Äquatorlinie*. Es handelt sich dabei um die Projektion des Himmelsäquators auf die Wandebene.

Die schwarz-weiß karierte, senkrecht verlaufende Linie heißt *Mittagslinie*. Der Schatten des Stabs fällt um 12 Uhr mittags wahrer Sonnenzeit genau auf diese Linie. Die Zahlen an der Skala geben an, wie viele Stunden der helle Tag (rechte Skala) und die Nacht (linke Skala) dauern.

Die vom Stab strahlenförmig ausgehenden grünen Linien geben die *Äquinoktialstunden* an. Dazu liest man die grünen Zahlen direkt unterhalb der Äquatorlinie ab, die einem das Wichtigste verraten: die lokale Uhrzeit. Die grün-weißen Kästchen auf der Äquatorlinie erlauben sogar ein Ablesen auf 15 Minuten genau. Denn immer vier Kästchen befinden sich im Intervall einer Stunde; dann folgt die nächste grüne Stundenlinie. Wir lesen ab, dass es jetzt gerade fast genau 10:30 Uhr ist. Diese Zeit würden wir auch vor Ort an jeder Uhr ablesen.

Die in etwa waagerechten, aber gebogenen schwarzen Linien heißen *Tierkreislinien*. An den Rändern und innerhalb des Ziffernblatts finden wir auch alle zwölf Tierkreiszeichen wieder. Der Schatten des Stabs zeigt somit auch die aktuelle Position der Sonne im Tierkreis. ▶

▶ Weiterhin gibt es rote, schräg verlaufende Geraden. Sie geben die *babylonischen Stunden* an, also die gezählten Stunden seit Sonnenaufgang. Der dargestellte Schatten gibt an, dass es seit ca. 5,5 Stunden hell ist.

Schließlich entdecken wir noch schwarze arabische Zahlen von 13 bis 23: die sogenannten *italische* oder *italienischen Stunden*, die an den schräg verlaufenden schwarzen Geraden stehen. Sie geben an, wie viele Stunden seit dem Sonnenuntergang des vorigen Tages vergangen sind; hier fast 15 Stunden. Die dazwischen befindlichen Geraden sind mit ungewöhnlichen Symbolen versehen. Das sind gotische Ziffern, die angeben, wie viele Stunden seit der letzten Abenddämmerung vergangen sind.

Diese Beschreibung belegt eindrucksvoll, dass eine Sonnenuhr ein ganz erstaunliches Messinstrument ist, das nur auf der natürlichen Sonneneinstrahlung beruht. Erstaunlich ist auch, dass eine Sonnenuhr viel mehr anzeigen kann als nur die aktuelle Tageszeit (© Lutz Pannier, Görlitz).

Im Gegensatz dazu haben sich moderne Uhren sozusagen vom Kosmos emanzipiert. Sie funktionieren 24 Stunden am Tag. Das Uhrenprinzip von Taktgeber und Zählwerk bleibt allerdings erhalten. Im 17. Jahrhundert entwickelte Christiaan Huygens die Unruh, eine Kombination aus einem Schwungrad und einer Spiralfeder. Seine patentierte Idee bildet ein schwingfähiges System, das als Taktgeber einer mechanischen Uhr eingesetzt wurde. Später kamen elektronische Uhren hinzu. Bei der Quarzuhr wird der physikalische Effekt ausgenutzt, dass sich einige Kristalle wie Quarz beim Anlegen einer elektrischen Spannung verformen. Das ist der piezo-elektrische Effekt. Handelt es sich um eine Wechselspannung, die periodisch umgepolt wird, dann findet auch eine periodische Verformung statt: Der Quarz schwingt und kann als Taktgeber einer Uhr verwendet werden. Mit dem piezo-elektrischen Effekt wurden übrigens auch die Töne aus einer Schallplattenrille bei alten Schallplattenspielern geholt. Die Schallplattennadel sitzt in einem Piezo-Kristall, häufig Saphir, und überträgt die Schwingung von der Rille auf den Kristall.

Dessen elektrische Spannungsschwankungen können abgenommen, verstärkt und zum Lautsprecher geleitet werden, um sie zu hören. Anspruchsvoller sind die zurzeit genauesten Uhren. Das sind die Atomuhren, die in ihren Grundzügen 1946 von dem US-amerikanischen Physiker und Chemiker Willard Frank Libby erfunden wurden. Der Taktgeber ist bei einer Atomuhr die elektromagnetische Strahlung. Heutzutage wird das chemische Element Cäsium (^{133}Cs) bei Atomuhren eingesetzt. Das Cäsium-Atom kann zwei Energiezustände einnehmen, die sich in der Teilcheneigenschaft Spin unterscheiden (siehe Kasten „Der Teilchenspin" in Kapitel 3.7). Physiker nennen die beiden Zustände Hyperfeinstrukturniveaus. Mithilfe von Magnetfeldern können sie Cäsium-Atome eines bestimmten Hyperfeinstrukturniveaus aussortieren. Strahlt man Mikrowellen bestimmter Frequenz auf die Cäsiumatome, so können sie die Strahlungsenergie aufnehmen und auf das energetisch höhere Hyperfeinstrukturniveau wechseln. „Der Spin von Cäsium wird umgeklappt." Dieses Umklappen geschieht nur bei passender Frequenz der Mikrowellen, dem Resonanzfall. Die Frequenz beträgt dann 9,19 GHz, bzw. die Wellenlänge der Mikrowellen liegt bei 32,6 mm. Präzise sind es genau 9.192.631.770 Schwingungen pro Sekunde, die das Mikrowellenfeld durchführt. Das ist der Taktgeber der Atomuhr. Cäsium-Atomuhren sind so genau, dass 1967 die Sekunde über dieses sogenannte Cäsiumnormal definiert wurde. An der Physikalisch-Technischen Bundesanstalt (PTB) in Braunschweig gibt es eine Cäsium-Atomuhr, die die Referenz für alle Uhren in Deutschland darstellt. Sie steuert über Funk Funkuhren in Deutschland an, die so genau eingestellt, also synchronisiert werden. Neuerdings werden auch andere chemische Elemente wie Ytterbium genutzt. Bei ihnen wird der Übergang nicht mit Mikrowellen, sondern sogar mit sichtbarem Licht bewerkstelligt. Da die Wellenlänge von Licht kürzer ist als von Mikrowellen, ist der „Ytterbium-Takt" kürzer, entsprechend ist diese neue Generation von optischen Atomuhren noch genauer – und zwar auf 17 Stellen nach dem Komma.

Die Sekunde ist die SI-Einheit für die Zeit. International abgekürzt mit s, ist die Sekunde der 86.400ste Teil eines Tages. Die gro-

Tab. 3.1:   Gebräuchliche Zeiteinheiten.

Name	Abkürzung	in Sekunden
Jahr	a	31.536.000
Monat		2.678.400
Woche		604.800
Tag	d	86.400
Stunde	h	3600
Minute	min	60
Sekunde	s	1
Millisekunde	ms	10^{-3}
Mikrosekunde	µs	10^{-6}
Nanosekunde	ns	10^{-9}
Attosekunde	as	10^{-18}
Planck-Zeit	t_{Pl}	$5,4 \times 10^{-44}$

ße Zahl verdanken wir auch den Babyloniern und ist schnell erklärt. Ein Tag hat $24 \times 60 \times 60 = 86.400$ Sekunden. Tabelle 3.1 zeigt die gängigen Vielfache der Sekunde.

? Die Pulsar-Uhr

Erstaunlicherweise kann auch die Astronomie mit extrem genauen Taktgebern aufwarten, nämlich mit den Neutronensternen. Es handelt sich dabei um Endzustände massereicher Sterne, die in Sternexplosionen, den Supernovae Typ II entstehen (Astrophysik Aktuell: „Supernovae und kosmische Gammablitze" von Hans-Thomas Janka). Im Prinzip fällt im Gravitationskollaps eines Sterns das Sterninnere in sich zusammen. Bei den enormen Dichten der Materie wandeln kernphysikalische Reaktionen die Sternmaterie in Neutronen um. Die Sternexplosion legt den verdichteten Sternkern als Neutronenstern frei. Ein Neutronenstern hat typischerweise einen Durchmesser von 20 Kilometern bei einer Masse von ungefähr einer Sonnenmasse. Er ist demnach ungeheuer kompakt – fast so kompakt wie ein Schwar zes Loch (Astrophysik Aktuell: „Schwarze Löcher – Die dunklen Fallen der Raumzeit" von Andreas Müller). Wie bei einem Eiskunstläufer, ▶

► der beim Drehen einer Pirouette die Arme anlegt, verringert sich das Trägheitsmoment, weil die Masse des rotierenden Körpers nun enger an die Drehachse gepackt wird. Als Konsequenz dreht sich der Neutronenstern schneller um die eigene Achse als der Vorläuferstern – genauso wie sich der Eiskunstläufer mit angelegten Armen schneller dreht, als wenn er die Arme weit von sich streckt. Neutronensterne können auf diese Art und Weise unglaubliche Rotationsgeschwindigkeiten bzw. Rotationsperioden erreichen und sich in nur wenigen Millisekunden einmal um die eigene Achse drehen. Diese Rotation ist extrem stabil, d. h., die Periodendauer verändert sich über viele Jahre kaum. Deshalb können Neutronensterne im Prinzip als astronomische Uhren dienen.

Wie können Astronomen diese schnell rotierenden Sterne sehen? Dabei kommt uns der glückliche Umstand zugute, dass es extreme physikalische Effekte in der Nähe von Neutronensternen gibt. Dabei spielt das Magnetfeld bei Neutronensternen eine wichtige Rolle. Im Vergleich zum Vorläuferstern wird es durch die schnelle Rotation des Neutronensterns verstärkt. (Tatsächlich werden die stärksten Magnetfelder des Universums bei speziellen Neutronensternen erreicht. Sie heißen Magnetare und erreichen Magnetfeldstärken bis 10^{14} Gauß.) In der Umgebung des Neutronensterns wimmelt es von elektrisch geladenen Teilchen, die aus dem ionisierten Gasnebel kommen, den die Explosion übrig gelassen hat. Besonders wichtig sind Elektronen, die elektrisch negativ geladenen Teilchen, die um Atomkerne kreisen. Sie kommen auch als unzählige einzelne Teilchen vor. In den starken Magnetfeldern der Neutronensternatmosphären werden die Elektronen extrem beschleunigt. Dabei senden sie eine besondere Strahlungsform aus: die Synchrotronstrahlung.

Das Sternmagnetfeld hat zwei magnetische Pole. Weichen sie von den Punkten ab, wo die Rotationsachse die Sternoberfläche durchstößt, so wandern die magnetischen Pole mit der Sternrotation mit. Entlang der Magnetfeldachse breitet sich nun die Synchrotronstrahlung bevorzugt aus. Das Ganze ähnelt einem Leuchtturm, bei dem ebenfalls ein oder zwei Strahlungskegel sich im Raum drehen. Solche Leuchttürme im Weltall heißen Pulsare (Abbildung 3.3.3).

Trifft der Strahlungskegel des Pulsars zufällig die Erde, so sieht ein astronomischer Beobachter Strahlungsblitze, die sich in regelmäßiger Folge wiederholen. Sie liegen typischerweise im Bereich der Radiowellen, können aber auch im sichtbaren Licht oder im Röntgenbereich auftreten. Der Crab-Pulsar im Sternbild Stier ist genauso ein Himmelsobjekt, bei dem sogar optisch ein Blinken im Millisekundenbereich gemessen wurde (Abbildung 3.3.4).   ►

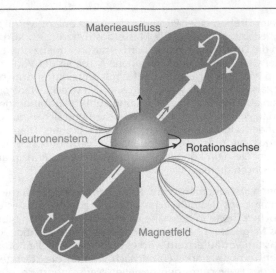

Abb. 3.3.3 Der Neutronenstern rotiert um die schwarze Drehachse. Davon weicht die rote Achse des Magnetfelds ab. Vor allem Elektronen werden entlang der roten Achse nach rechts oben und links unten beschleunigt, siehe „Materieausfluss". Dabei strahlen sie Synchrotronstrahlung ab, die die Astronomen noch in großer Entfernung als Pulsar beobachten können, falls der Strahlungskegel die Erde trifft. © A. Müller

▶ Dieser Pulsar befindet sich im Crab-Nebel in ca. 6500 Lichtjahren Entfernung. Die Supernova wurde im Jahr 1054 von chinesischen Astronomen entdeckt und dokumentiert. Anhand der sichtbaren Ausdehnung der Explosionswolke und der chinesischen Datierung kann die Expansionsgeschwindigkeit der abgesprengten Sternhülle zu 1000 km/s, gleich 3,6 Millionen km/h bestimmt werden. Das sehr gleichmäßige Blitzen der Pulsare, das sich alle paar Millisekunden wiederholt, kann man nun als astronomischen Taktgeber benutzen, um irdische Uhren zu synchronisieren. Röntgenstrahlung entsteht bei Neutronensternen übrigens noch durch einen anderen Mechanismus. Materie aus dem interstellaren Raum kann nämlich von der extremen Gravitation des Neutronensterns eingefangen werden. Teilchen, die aus dem Unendlichen auf eine Neutronensternoberfläche stürzen, prallen mit unbequemen 600 Millionen km/h auf – das ist gut die ▶

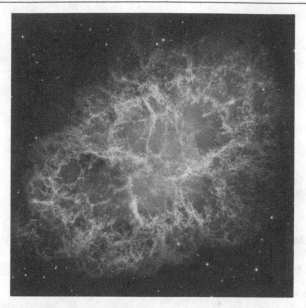

Abb. 3.3.4 Crab-Nebel. Der Überrest nach einer Sternexplosion, einer Supernova Typ II im Sternbild Stier. © NASA/ESA/HST, Hester & Loll 2005

▶ Hälfte der Vakuumlichtgeschwindigkeit c!

Wie man sich leicht vorstellen kann, wird es mit dem abrupten Auftreffen auf einer dichten Sternoberfläche am Einschlagsort sehr heiß. Typischerweise bilden sich auf Neutronensternoberflächen helle Flecken (engl. *hot spots*). Diese befinden sich aber auf einem bestimmten Gebiet auf der Neutronensternoberfläche und rotieren deshalb mit dem Stern. Hier entsteht elektromagnetische Strahlung, vor allem im Röntgenbereich. Ein Astronom kann das aus der Ferne als Röntgenstern beobachten (Abbildung 3.3.5).

Wir werden noch auf den Einfluss der Gravitation auf den Gang der Pulsar-Uhren kommen (Kapitel 4.4). Hier sei nur angemerkt, dass ein anspruchsvolles, sehr modernes Experiment vorgeschlagen wurde, bei dem gleich mehrere Pulsare als Uhren verwendet werden sollen. Werden sie von einer durchlaufenden kosmischen Gravitations- ▶

Abb. 3.3.5 Röntgenfoto zweier sich umkreisender Neutronensterne im Sternhaufen M15, aufgenommen mit dem Röntgenteleskop Chandra. Die auf die Neutronensterne herunterprasselnde Materie erzeugt das helle Röntgenleuchten. © NASA/GSFC/N. White & L. Angelini 2001

welle, die schon Einstein in seiner Allgemeinen Relativitätstheorie ausrechnete, getroffen, so wird der Gang der Pulsar-Uhren nacheinander von der Welle außer Takt gebracht. Ein Astronom könnte dies aus der Entfernung sehen und so indirekt auf die Gravitationswelle schließen. Es ist geplant, auch so die schwer nachweisbaren Gravitationswellen zu entdecken.

Ein letzter Aspekt der Zeitmessung ist sehr faszinierend, denn die Menschheit kann sogar Zeiten bestimmen, als es noch gar keine Menschen gab. Dazu gehören die Methoden der **radiogenen Altersbestimmung** in der Geologie, Archäologie und Paläontologie. Gemeint sind Verfahren, bei denen radioaktive Substanzen zum Einsatz kommen, um das Alter einer Probe zu bestimmen. Das gelingt dank der Eigenschaft radioaktiver Stoffe, dass sie zerfallen und nach Ablauf einer sogenannten Halbwertszeit nur noch die Hälfte der Ausgangsmenge des radioaktiven Stoffes vorhanden ist. Im Zerfall bildet sich durch eine Umwandlung von Teilchen im Atomkern eine neue

Substanz, d. h. ein neues chemisches Element, das wieder radioaktiv sein kann, aber nicht sein muss. Atomkerne bestehen aus elektrisch positiv geladenen Protonen und elektrisch neutralen Neutronen. Die Gesamtzahl der Protonen im Kern, die sogenannte Ordnungszahl im Periodensystem der Elemente (PSE), legt eindeutig das chemische Element fest. Die Neutronenzahl im Atomkern kann variieren, ohne dass sich dabei das chemische Element verändert. Nur wird bei mehr Neutronen auch der Atomkern schwerer. Atomkerne gleicher Protonen-, aber unterschiedlicher Neutronenzahl heißen daher Isotope (gr. *iso topos*; gleicher Ort, gemeint gleicher Ort im PSE). So hat „normaler" Kohlenstoff, genannt ^{12}C, sechs Protonen im Atomkern und zusätzlich sechs Neutronen. Bei einer bestimmten Form der Radioaktivität, dem Betazerfall, zerfällt entweder ein Proton oder ein Neutron im Atomkern. Nach den Erhaltungssätzen der Physik für Energie, Impuls, elektrische Ladung, Leptonenzahl, Baryonenzahl u. a. Größen zerfällt ein Proton in ein Neutron, ein Positron und ein Elektron-Neutrino (β^+-Zerfall), oder es zerfällt ein Neutron in ein Proton, ein Elektron und ein Anti-Elektron-Neutrino (β^--Zerfall). Mit „Betastrahlen" meinen die Physiker die Positronen bzw. Elektronen, die nach dem Zerfall aus dem Atomkern herausfliegen. Beim Kohlenstoff gibt es das Isotop ^{14}C, das durch einen β^--Zerfall in das Nachbarelement Stickstoff (^{14}N) nach einer Halbwertszeit von 5370 Jahren zerfällt. Kohlenstoff kommt z. B. in der Luft im Kohlendioxid (CO_2) vor, einem Gas, das wir ausatmen. Normalerweise stellt sich in der Atmosphäre ein Gleichgewicht zwischen nicht radioaktivem ^{12}C und radioaktivem ^{14}C ein, ein Verhältnis, das sich messen lässt und damit recht gut bekannt ist. In einem Lebewesen, das Sauerstoff einatmet und Kohlendioxid ausatmet, herrscht das gleiche Verhältnis wie in der Atmosphäre. Stirbt das Lebewesen allerdings, so atmet es nicht mehr und führt auch keine frische Luft mehr aus der Atmosphäre dem Körper zu. Der im Körper gebundene Kohlenstoff liegt zum einen Teil als ^{12}C und zum anderen Teil als ^{14}C vor. ^{14}C zerfällt allerdings nach und nach, baut sich daher im Körper ab, und so nimmt mit zunehmendem Alter des toten Lebewesens das Verhältnis von ^{12}C zu ^{14}C mehr und mehr zu. Diese Abweichung machen sich Experten zunutze, um das Alter von vormals lebendem Material zu bestimmen. Dieses Verfahren heißt daher **C14-Methode** oder **Radiokarbonmethode**. Gut funktioniert die Methode, wenn der Tod vor ca. 500 Jahren bis maximal 50.000 Jahren eingetreten ist. Ein prominentes Beispiel ist die Gletschermumie „Ötzi", ein Mensch der Jungsteinzeit, dessen Leichnam 1991 in den Ötztaler Alpen (Südtirol) gefunden wurde. Mithilfe der C14-Methode wurde bestimmt, dass „Ötzi" vor 5300 Jahren in den Bergen noch unterwegs war. Die C14-Methode, die übrigens ebenfalls von dem erwähnten Atomuhren-Erfinder Libby erfunden wurde, leistet den Biologen und Paläontologen, die sich mit der Altersbestimmung von organischem Material beschäftigen, seither wertvolle Dienste.

Die Geologen, die sich mit leblosem Gestein befassen, profitieren im Prinzip von der gleichen Methodik, nur benutzen sie ein anderes Material. Hier spricht man von **Blei-Methoden**. Blei reichert sich in Gesteinen an, weil es ein Produkt aus dem radioaktiven Zerfall von Uran (^{235}U oder ^{238}U) oder Thorium (^{232}Th) ist. Der entscheidende Unterschied zur C14-Methode besteht darin, dass die Halbwertszeit ungleich höher ist und bei einigen Milliarden Jahren liegt. Mit den Blei-Methoden können die Experten deshalb ein Alter bestimmen, das mit demjenigen der Erde vergleichbar ist.

Die Apollo-Mission der US-amerikanischen Weltraumbehörde NASA hatte die bemannte Landung auf dem Mond zum Ziel. Dies gelang mit der Mission Apollo 11 am 20. Juli 1969. Bei den Apollo-Missionen wurden auch mehrere hundert Kilogramm Mondgestein zur Erde mitgebracht. Dabei wurde ein neues Mineral entdeckt, das zu Ehren der Astronauten der Mondlandemission Apollo 11, *Arm*strong, *Al*drin und *Col*lins, Armalcolit genannt wurde.

Die Untersuchung der Mondgesteine brachte Erstaunliches zutage: Der Mond besteht aus einem recht ähnlichen Mix aus Gesteinen wie irdische Gesteine. Außerdem ist das Material sehr alt. Das Erstaunlichste ist aber, dass das Alter der ältesten Gesteine von Mond und Erde übereinstimmt. Es beträgt viereinhalb Milliarden Jahre und weist auf eine gemeinsame Entstehungsgeschichte hin. Heute wird diese Datierung zusammen mit anderen Ergebnissen so interpretiert, dass der Mond aus einer Kollision eines etwa marsgroßen Körpers mit der Urerde vor viereinhalb Milliarden Jahren hervorging. Beide Körper wurden durch den Impakt komplett aufgeschmolzen und formierten sich neu. Daraus ging das Erde-Mond-System hervor, wie wir es heute kennen. Computersimulationen dieses katastrophalen Zusammenstoßes sprechen sehr für dieses Szenario.

Wenn wir das Alter von noch älteren Körpern im Universum bestimmen wollen, kommen gänzlich andere Methoden zum Einsatz. Es hört sich verrückt an, aber Astronomen bestimmen zum Beispiel das Alter von Sternen mit Licht. Sterne produzieren das Sternenlicht mittels Kernfusion in ihrem heißen Innern. Dabei verschmelzen leichte Atomkerne zu schweren Atomkernen, in der Sonne ist das vor allem Wasserstoff zu Helium. Dabei wird Energie in Form von elektromagnetischer Strahlung und Wärme frei, die den Sternkern extrem aufheizt. Im Innern der Sonne herrschen so etwa 15 Millionen Grad. Hitze und Strahlung finden den Weg an die Sternoberfläche, ein Vorgang, der die Gasmassen im Sterninnern umwälzt (Konvektion). An der Sonnenoberfläche ist es dann schon mit knapp 6000 Grad „merklich kühler". Dort verlässt die Strahlung die Sonne, um uns ca. acht Minuten später angenehm das Gesicht zu wärmen. Wie wir noch etwas genauer besprechen werden (Kapitel 3.6), startete die erste Generation von Sternen im Universum mit recht bescheidener Ausstattung, soll heißen mit einer Auswahl sehr weniger chemischer Elemente. Im Wesentlichen waren das Wasserstoff und Helium, die sie nämlich vom Universum selbst mit auf den Weg bekamen. Schwerere Elemente – „Metalle", wie der Astronom sagt – gab es noch nicht. Sie mussten erst nach und nach von den Sternen „erbrütet" werden.

Sternenlicht ist für Astronomen wie ein Fingerabdruck, aus dem sie wertvolle Informationen lesen können. Es verrät ihnen u. a. die chemische Zusammensetzung der Gashülle („Atmosphäre") des Sterns, von dem sie das Licht empfangen. Jedes einzelne chemische Element hinterlässt im Sternenlicht charakteristische Spuren. Die Astronomen nennen sie Spektrallinien, die im Spektrum bei bestimmten Energien (alternativ Wellenlänge, Frequenz oder Farbe) zu finden sind. Dabei ist ein Spektrum eine Auftragung der Helligkeit oder Intensität des Sternenlichts über seiner Energie. Entweder strahlt das Element Licht bei bestimmten Energien ab; dann handelt es sich um Emissionslinien. Oder das Element verschluckt ankommendes Licht nur bei bestimmten Energien oder Farben; dann reden die Astronomen von Absorptionslinien. Die berühmten schwarzen Fraunhoferlinien im Sonnenspektrum sind Absorptionslinien, mit deren Hilfe ein neues Element entdeckt wurde, nämlich Helium (gr. *helios* für Sonne). Sternspektren dienen dem Astronomen u. a. dazu, um den Elementenmix im jeweiligen beobachteten Stern zu bestimmen.

Mit der Entwicklung des Universums sind mehr und mehr Metalle entstanden. Da wir mit zunehmender Entfernung mehr in die Vergangenheit des Kosmos schauen (Kapitel 3.4), sollte man erwarten, dass die Metallhäufigkeit stetig zunimmt, je näher uns das Objekt steht, in dem wir die Metallhäufigkeit messen. Das ist erstaunlicherweise nicht der Fall. Die Verhältnisse sind leider komplizierter, weil es z. B. nahe Objekte geben kann, die nicht sehr entwickelt sind und damit wenig Metalle enthalten. Dazu gehören die Magellan'schen Wolken, die zum lokalen nahen Kosmos gehören.

Die Astronomen untersuchten hinsichtlich dieses Aspekts auch die Milchstraße. Dabei stellten sie fest, dass metallreichere junge Sterne die Scheibe der Milchstraße – die „Galaktischen Scheibe" – bevölkern und sich metallärmere ältere Sterne in einer Kugelschale um diese Scheibe ansiedeln. Diese gefüllte Kugel alter Sterne heißt „Galaktischer Halo". Dort befinden sich die Kugelsternhaufen, eine Ansammlung von 100.000 bis 1.000.000 Sterne, die durch die eigene Schwerkraft gebunden und die ältesten Sterne der Milchstraße sind.

In der Astronomie ist die Zuordnung Alter-Entfernung für weit entfernte Objekte fundamental. Entfernung kann im Rahmen der Kosmologie durch alternative Größen wie der kosmologischen Rotverschiebung ausgedrückt werden, auf die wir auch noch kommen werden (Kapitel 3.5). Die Kosmologie schafft somit Methoden, um

Abb. 3.3.6   Kugelsternhaufen NGC 6934. © NASA/ESA/HST 2010

Altersbestimmungen der ältesten Phänomene im Kosmos durchzuführen. Auf die genauen Zusammenhänge werden wir in den nächsten Kapiteln noch kommen.

3.4   Blicke in die Vergangenheit

Wussten Sie, dass Sie bereits beim morgendlichen Blick in den
Spiegel in die Vergangenheit schauen? Es sind zwar nur wenige Na-
nosekunden, aber der Effekt ist da. Das liegt natürlich an der endlichen Ausbreitungsgeschwindigkeit des Lichts. Es dauert einfach
ein bisschen, bis ein Lichtstrahl Ihre Nasenspitze trifft, von dort auf
den Spiegel und in eines Ihrer Augen reflektiert wird, damit Sie dort
Ihre Nasenspitze sehen. Die Lichtgeschwindigkeit ist im Vakuum

am größten: knapp 300.000 km/s. Das hat zur Konsequenz, dass wir immer in die Vergangenheit schauen, weil die Lichtgeschwindigkeit endlich ist. Im Alltag merkt man kaum etwas davon, weil Licht einfach unglaublich schnell ist. Selbst wenn wir die ganze Erde betrachten, so könnte ein Lichtstrahl in einer Sekunde theoretisch 7,5-mal um den Äquator sausen.

In der Astronomie haben wir es allerdings mit so großen Entfernungen zu tun, dass dieser Effekt erfahrbar wird. Man könnte sagen, dass Teleskope Zeitmaschinen sind und wir bei jeder astronomischen Beobachtung eine Zeitreise machen. Das wollen wir nun tun. Die Folge der ausschließlich echten astronomischen Beobachtungsbilder zeigt verschiedene astronomische Objekte in unterschiedlichen Entfernungen (Abbildung 3.4.1).

Das erste Reiseziel ist der Mond, im Mittel 380.000 Kilometer von der Erde entfernt. D. h., wenn wir den Mond betrachten, schauen wir schon eine gute Sekunde in die Vergangenheit. Wir sehen den Mond, wie er vor einer guten Sekunde *war*. Weiter geht's zur Sonne. Ihr mittlerer Abstand zur Erde beträgt 150 Millionen Kilometer – eine sogenannte Astronomische Einheit –, und das Licht benötigt hierfür acht Minuten. Die Randbereiche des Sonnensystems mit dem Zwergplaneten Pluto & Co. sind schon einige Lichtstunden entfernt, d. h., ein Fernrohrblick auf Pluto zeigt ihn, wie er vor einigen Stunden war. Der nächste Stern nach der Sonne ist Proxima Centauri im Südsternbild Centaurus. Er ist gut vier Lichtjahre entfernt, sodass wir vier Jahre in die Vergangenheit schauen. Stellen Sie sich vor, es gäbe einen Funkkontakt zu Bewohnern im Proxima-System. Wir schicken ihnen eine Nachricht, und sie kommt nach vier Jahren dort an. Die „Proximas" antworten sofort, und ihre Antwort ist wieder vier Jahre unterwegs. Wir erhielten erst acht Jahre nach dem Absenden eine Antwort – eine extrem mühselige Form der interstellaren Kommunikation. Und wir reden hier vom nächsten Stern nach der Sonne. Es gibt Sterne innerhalb der Milchstraße, die einige 10.000 Lichtjahre entfernt sind und mit denen eine Kommunikation niemals zu bewältigen wäre. Also reisen wir, etwas niedergeschlagen, weiter zum Siebengestirn, den Plejaden. Der offene Sternhaufen im

Abb. 3.4.1 Astronomische Zeitreise „Vom Mond fast bis zum Urknall", eine Zusammenstellung nach einer Idee von A. Müller. © der Einzelbilder: Mond: Galileo-Mission, NASA/JPL 2002. Sonne: SOHO 1997. Pluto mit drei seiner fünf Monde: NASA/ESA/HST, H. Weaver (JHU/APL), A. Stern (SwRI) and the HST Pluto Companion Search Team 2006. Proxima Centauri: Infrarotaufnahme des Digitized Sky Survey, U.K. Schmidt, STScI, USA. Plejaden: NASA/ESA/AURA, CalTech, HST 2004. Offener Sternhaufen NGC 129: Digital Sky Survey www.seds.org. Milchstraße: 2MASS, The Micron All Sky Survey Image Mosaic, Infrared Processing and Analysis Center/CalTech & University of Massachusetts, USA. Andromeda-Galaxie: Bill Schoening, Vanessa Harvey/REU program/NOAO/AURA/NSF. Galaxie M87: NASA/ESA/HST 2000. Quasar 3C273: NASA/ESA/HST 2003. GRB090423: NASA/Swift, Stefan Immler 2009. Karte der Hintergrundstrahlung: NASA/WMAP Science Team 2002

Sternbild Stier befindet sich in ungefähr 440 Lichtjahren Entfernung. Als sich das Plejadenlicht auf den Weg zu uns machte, schaute ungefähr gerade Galileo Galilei im Jahr 1609 durch ein Fernrohr, um bahnbrechende astronomische Entdeckungen zu machen. In Kapitel 3.3. sprachen wir noch von der Gletschermumie „Ötzi". Als er damals noch in den Ötztaler Alpen unterwegs war, machte sich das Licht des offenen Sternhaufens NGC 129 auf und kommt erst jetzt, 5300 Jahre später, bei uns an. Das nächste Bild zeigt das Zentrum der Milchstraße (fotografiert mit Infrarotstrahlung), das von uns aus im Tierkreiszeichen Schützen (Sagittarius) gelegen ist. Die Strahlung aus dem Zentrum der Milchstraße hat sich auf den Weg gemacht, als Steinzeitmenschen wie der Cro-Magnon-Mann auf der Erde in Südfrankreich lebten – jetzt erst kommt sie nach 26.000 Jahren Reisedauer bei uns an. Noch schlimmer bei der Andromeda-Galaxie: Hier war das Licht ungefähr zwei Millionen Jahre unterwegs. Unser Galaxienhaufen mit Milchstraße, Andromeda-Galaxie, Magellan'schen Wolken und vielen kleinen Zwerggalaxien bewegt sich in Richtung eines viel größeren Galaxienhaufens, dem Virgo-Haufen, gelegen im Sternbild Jungfrau, in 50 Millionen Lichtjahren Entfernung. Ungefähr als auf der Erde die Dinosaurier ausstarben, machte sich die Strahlung in der gezeigten aktiven und elliptischen Galaxie M87 im Virgo-Haufen auf den Weg. Soeben kam sie erst an. Wir können noch tiefer ins All vordringen und entdecken dort eine weitere aktive Galaxie, den Quasar 3C 273. Das Gebilde sieht aus wie ein Stern, aber tatsächlich ist es eine Galaxie, in deren Zentrum ein supermassereiches Schwarzes Loch Materie verschlingt. Dabei gibt es extreme Strahlungsprozesse, die uns den Quasar sogar noch in zwei Milliarden Lichtjahren Entfernung sehen lassen. Das vorletzte Bild zeigt das am weitesten entfernte Einzelobjekt. Es ist ein Gammastrahlenausbruch, der sich vor etwa 13 Milliarden Jahren ereignete. Damals explodierte ein massereicher Stern, ein stellares Schwarzes Loch entstand, und die Sternexplosion ist weit im All zu sehen. Faszinierend ist, dass sich die Explosion ereignete, als es noch kein Sonnensystem gab. Und das ultimative Ende erreichen wir heute, wenn wir die kosmische Hintergrundstrahlung (Kapitel 3.5) beobachten. Sie ist das Älteste, was Menschen überhaupt jemals messen konnten und stammt aus einer Zeit, als es nicht einmal Sterne und Galaxien, erst recht kein Sonnensystem oder Menschen gab. Die Hintergrundstrahlung machte sich 380.000 Jahre nach dem Urknall auf den Weg und ist somit 13,69 Milliarden Jahre alt! Die moderne Astronomie lässt uns demnach bis an den Anfang der Welt zurückblicken.

3.5 Zeitpfeile

Wir erleben die Zeit und können sie mithilfe moderner Uhren extrem genau messen. Aus unser Alltagserfahrung heraus können wir bestätigen, dass es zwischen Raum- und Zeitdimension offenbar einen fundamentalen Unterschied gibt: Während wir uns in einer Raumdimensionen nach links und nach rechts oder vor und zurück oder nach oben und nach unten bewegen können, gibt es hingegen bei der Zeit nur eine Richtung: vorwärts. Es wäre natürlich äußerst praktisch, mal eben in der Zeit zurückzureisen und die Fehler des gestrigen Tages zu korrigieren – aber das funktioniert offenbar nicht; nur in der Science-Fiction. Interessant ist es auch, einen Film rückwärts abzuspielen. Irgendwann merkt man, dass etwas nicht stimmt. Zum Beispiel fallen Gegenstände nicht zu Boden, sondern fliegen vom Boden in die Höhe. Noch befremdlicher sind zerbrochene Gegenstände, die sich auf wundersame Weise wieder zusammenfügen. Ein zerbrochener Gegenstand, der sich *von selbst* wieder repariert? Natürlich Quatsch, das geht nur, wenn sich jemand die Mühe macht und die Bruchstücke wieder zum ursprünglichen Gegenstand zusammenklebt. Oder ein Milchkaffee, bei dem sich Kaffee und Milch wie von Geisterhand von selbst entmischen und womöglich ein Milchstrahl aus dem Gemisch nach oben in eine Milchtüte fliegt? Auch Blödsinn, der Film muss rückwärts laufen! Oder Kerzenrauch, der nach unten strömt, verschwindet, um dort eine Flamme zu entzünden? Gibt's nicht!

Wir können bei all diesen Beispielen, die zu den krassesten Seltsamkeiten gehören, die so ein rückwärts laufender Film zu bieten hat, eine Gemeinsamkeit feststellen: Im Alltag beobachten wir so etwas nicht. Aber woran liegt das?

Die Schwerkraft wirkt nun einmal so, dass die Gegenstände nach unten fallen. Zerbrochenes bringt sich kaum von selbst in eine unversehrte Form. Gemische, ob Flüssigkeiten oder Gase, entmischen sich nicht spontan von selbst. Die Ursache kommt immer zeitlich *vor* der Wirkung, ein Gesetz, das man **Kausalitätsprinzip** nennt.

Wenn man diese Phänomene naturwissenschaftlich erforscht, kommt man auf die Gesetze der Wärmelehre oder Thermodynamik. Man kann eine physikalische Größe definieren, die den für uns sichtbaren Makrozustand eines Systems auf Mikrozustände zurückführt. Diese Größe heißt **Entropie**. Die Grundidee lässt sich gut mit Legosteinen veranschaulichen: Stellen Sie sich vor, Sie haben die Packung gerade geöffnet, und die Legosteine liegen verstreut am Boden. Davon machen Sie ein Foto und betiteln es mit „Makrozustand 1". Jetzt mischen Sie einmal kräftig die verstreuten Steine mit der Hand durch. Sie machen wieder ein Foto und nennen das „Makrozustand 2". Vergleichen Sie die Fotos von „Makrozustand 1" und „Makrozustand 2", so wird es Ihnen schwer fallen, einen Unterschied festzustellen (Abbildung 3.5.1).

Man könnte dies mit dem Begriff der Ordnung, vielmehr Unordnung, verbinden. Beide Makrozustände weisen ein geringes Maß an Ordnung auf. Anders gesagt: Die Unordnung ist sehr hoch. Der Physiker drückt das etwas hochtrabender aus und sagt: Die Entropie ist sehr hoch. Sie entspricht der Anzahl aller Mikrozustände, die denselben Makrozustand ergeben können. Und bei diesem Wirrwarr an Steinen können Sie auf der Mikroebene viele Anordnungen der Steine herstellen, die auf den ersten Blick denselben Makrozustand, dasselbe Durcheinander, ergeben.

Nun bauen Sie etwas Hübsches aus den Legosteinen – gerne nach beiliegendem Plan. Was machen Sie da eigentlich? Sie fügen die Bausteine zusammen zu einem konkreten, möglicherweise sehr ansehnlichen Gesamtkunstwerk – vielleicht sogar einzigartigen Kunstwerk. Sie bringen Ordnung in das System und kombinieren die Legosteine auf eine eventuell sogar einzigartige Weise. D. h., es gibt nur ganz wenige Möglichkeiten auf der Mikroebene, um das Objekt auf der Makroebene herzustellen. Das Maß an Ordnung des

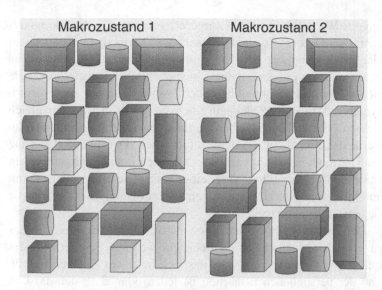

Abb. 3.5.1 Zwei flüchtig betrachtet ununterscheidbare Makrozustände, die aus gleichen Elementen aufgebaut werden, deren Anordnung sich auf der Mikroebene unterscheidet. Der Unterschied zwischen links und rechts ist, dass die Elemente nur neu gemischt wurden. © A. Müller

Gesamtkunstwerks – nehmen wir an, ein Haus aus Lego – ist sehr hoch. Mit anderen Worten: Das Maß an Unordnung ist äußerst gering. Oder wie Angeber mit physikalischem Hintergrundwissen sagen: Die Entropie ist sehr klein.

Und jetzt schlagen wir den Bogen zum rückwärts laufenden Film. Haben Sie schon einmal gesehen, dass sich Legosteine von selbst zu einem Kunstwerk zusammensetzen? Sicher nicht. Aber lassen Sie mal ein Lego-Haus aus einem Meter Höhe auf den Boden fallen. Dann zerlegt es sich *auf natürliche Weise* von selbst. Kinder sind von diesem Vorgang so sehr fasziniert, dass sie das Experiment häufig wiederholen.

Drücken wir das Ganze mit der Entropie aus, so müssen wir feststellen, dass sich die Entropie *natürlicherweise* erhöht, aber die Entropie wird sich nicht ohne Weiteres in der Natur von selbst verringern. Wir haben nun ein Naturgesetz gefunden! In der Thermodynamik wird es der „Zweite Hauptsatz der Thermodynamik" genannt (der Erste Hauptsatz der Thermodynamik drückt übrigens nichts anderes als die Energieerhaltung aus; aber das brauchen wir gerade nicht). In voller Schönheit heißt der Zweite Hauptsatz der Thermodynamik: „Die Entropie kann in einem geschlossenen System gleich bleiben oder zunehmen, aber niemals abnehmen". In einem Film wurde das einmal etwas unfein so formuliert: Der Zweite Hauptsatz der Thermodynamik sagt aus, dass alles den Bach runtergeht. Recht unromantisch formuliert, aber leider wahr. Die Unordnung nimmt im Universum also zu. Das ist genauso ein Naturgesetz wie: „Alle Gegenstände fallen nach unten."

Der zweite Hauptsatz hat einen statistischen Charakter. Um das zu verstehen, betrachten wir noch ein weiteres, sehr erhellendes Beispiel. Es geht um ein Gas, das sich in einem Zimmer verteilt. Von der persönlichen Erfahrung ist jedem klar, dass sich das Gas nach und nach gleichmäßig überall im Zimmer verteilt. Das kann jeder bestätigen, der Opfer von einem „Leibwind" oder Flatus, wie die Mediziner sagen, wurde. Nachdem das Faulgas rektal entwichen ist, tritt es seinen ungezügelten Weg in jede Nase an, die den Raum bevölkert.

Warum sammelt sich das Gas nicht in einer Zimmerecke? Die verblüffende Antwort ist, dass das ganz einfach extrem unwahrscheinlich ist.

Nehmen wir an, dass nur ein einziges Flatus-Molekül rektal entkommt (was leider in der Realität niemals der Fall nicht). Dann ist die Wahrscheinlichkeit, dass sich das Flatus-Molekül in der linken Zimmerhälfte befindet, 50 % oder 0,5 – in der rechten Zimmerhälfte ist sie auch 0,5. Wenn wir nun zwei sich verflüchtigende Flatus-Moleküle annehmen, dann ist die Wahrscheinlichkeit, dass sich *beide* in der linken Zimmerhälfte befinden, $0,5 \times 0,5 = 0,25$ oder 25 %. Bei zehn Flatus-Molekülen – wir nähern uns langsam, aber sicher Realbedingungen an – beträgt die Wahrscheinlichkeit, *alle zehn* Flatus-Moleküle in der einen Zimmerhälfte anzutreffen, $0,5^{10} \sim 0,001$

oder ungefähr 0,1 %. Sie sehen schon, wo das hinführt. Bei N Flatus-Molekülen beträgt die Wahrscheinlichkeit $0,5^N$, und jetzt kommt es: N ist in unserer Alltagswelt eine furchtbar große Zahl. Schon in einem Kubikzentimeter tummeln sich typischerweise 6×10^{23} Teilchen, eine Zahl, die man die Avogadro-Konstante nennt. Wenn Sie diese Zahl für N einsetzen, bekommen Sie ein Ergebnis, das im Prinzip null beträgt. Das bedeutet, dass es einfach sehr, sehr, sehr unwahrscheinlich ist, dass sich alle Moleküle in einer Zimmerhälfte ansammeln.

Viel wahrscheinlicher wäre es, beim Lotto zu gewinnen. Bei der traditionellen Ziehung „6 aus 49" (ohne „Superzahl") beträgt die Wahrscheinlichkeit, in einer Ziehung mit einem Schlag die sechs Richtigen zu haben, eins zu knapp 14 Millionen. Mit anderen Worten, wenn Sie 14 Millionen Mal Lotto spielen, sollten Sie statistisch gesehen *einmal* sechs Richtige haben. Und bezogen auf das Zimmer heißt das: Sie müssen einfach nur sehr lange warten, dann werden sich alle Moleküle auch in einer Zimmerhälfte sammeln. Statistisch möglich, praktisch unmöglich.

Beziehen wir diese statistische Deutung auf die Seltsamkeiten in dem rückwärts laufenden Film, dann müssen wir es so interpretieren, dass eine sich aus Bruchstücken selbst zusammenfügende Tasse wissenschaftlich nicht unmöglich, sondern einfach nur ein extrem unwahrscheinlicher Vorgang ist. Deshalb hat das noch niemand beobachtet.

Mit der Entropie haben die Physiker eine wunderbare Größe entdeckt, die mit der Richtung der Zeit zusammenhängt! Die Entropie nimmt mit der Zeit zu. In der Vergangenheit war also die Entropie (eines geschlossenen Systems) geringer. Dieser Sachverhalt wird auch als **thermodynamischer Zeitpfeil** bezeichnet, denn mithilfe der thermodynamischen Größe Entropie kann man wunderbar das Verstreichen von Zeit messen.

Die moderne Kosmologie, also die naturwissenschaftliche Lehre von der Entstehung und Entwicklung des Universums, erlaubt es uns, einen **kosmologischen Zeitpfeil** festzulegen. Dazu ist es recht lehrreich, etwas weiter auszuholen und sich anzuschauen, wie sich das moderne Bild von der Entstehung der Welt formte. Natürlich gibt es jahrtausendealte Schöpfungsmythen in den unterschiedlichen Kulturen. Einer davon steht in der Bibel, im ersten Buch Mose, „Genesis". Wenn wir allerdings den Durchbruch zum modernen, kosmologischen Weltbild aufspüren wollen, müssen wir etwa hundert Jahre zurückgehen (Astrophysik Aktuell: „Expansionsgeschichte des Universums" von Helmut Hetznecker). Damals war die vorherrschende Lehrmeinung, dass das Universum schon immer da war und schon immer so aussah, wie es sich uns am Nachthimmel präsentiert – und auch immer so bleiben wird. Dieses ewige und statische Universum war das anerkannte kosmologische Modell. Als Albert Einstein im Jahr 1915 seine Allgemeine Relativitätstheorie, eine neue Theorie der Gravitation, veröffentlichte (Kapitel 4.3), wollte er natürlich den statischen Kosmos mit seiner neuen Theorie erklären. Das ging aber nicht so ohne Weiteres. Er schaffte es nur durch Einführung eines neuen Parameters, den er „kosmologische Konstante" nannte. Sie wird mit dem griechischen Buchstaben für L mit Λ („*lambda*") bezeichnet und bildete einen Zusatzterm in Einsteins Feldgleichung. Mit dem Lambda-Term funktionierte die seinerzeit anerkannte statische Kosmologie zunächst wunderbar. Dann wurden in den 1920er-Jahren neue astronomische Beobachtungen gemacht, die dieses Weltbild umkrempelten. Es war eine Zeit, in der man selbst über unsere Heimatgalaxie, die Milchstraße, nicht viel wusste. Eine der großen Fragen war, ob es nur eine einzige Riesengalaxie im Universum gab („Big Galaxy"-Hypothese) oder vielleicht sogar viele Galaxien („Weltinsel"-Hypothese). Der US-amerikanische Astronom Edwin Hubble löste diese Frage per Beobachtung. 1923 entdeckte Hubble mit dem damals weltweit größten Teleskop des Observatoriums auf dem Mount Wilson die Andromeda-Galaxie, damals noch als „Andromeda-Nebel" bezeichnet.

Er stellte mit seinen Messungen fest, dass es sich dabei um ein eigenständiges Sternsystem neben der Milchstraße handelt, eine neue Galaxie. Heute wissen wir, dass die Andromeda-Galaxie eine Spiralgalaxie in zwei Millionen Lichtjahren Entfernung ist – in Ge-

Abb. 3.5.2 Optische Fotografie der Andromeda-Galaxie M31, einer Nachbargalaxie der Milchstraße in zwei Millionen Lichtjahren Entfernung. © Bill Schoening, Vanessa Harvey/REU program/NOAO/AURA/NSF

stalt und Größe der Milchstraße sehr ähnlich. Damit ist sie das am weitesten entfernte Objekt, das wir noch mit bloßem Auge sehen können. Freilich ist es per Auge nur ein unspektakuläres, verwaschenes Fleckchen. Aber es ist ein erhebendes Gefühl zu wissen, dass da draußen ein riesiges Karussell mit einigen Hundert Milliarden Sternen existiert, ganz sicher mit unzähligen Planeten, deren Licht sich auf den Weg zu uns gemacht hat, als auf der Erde das Menschengeschlecht gerade entstand – und erst jetzt kommt nach einem zwei Millionen Jahre dauernden Weg das Licht von Andromeda bei uns an. Hubbles Beobachtung hat damit ein neues Feld der Astronomie begründet, nämlich die **Extragalaktik**, dasjenige Gebiet, das sich mit den Himmelsobjekten außerhalb der Milchstraße befasst. Hubble wird allerdings mit einer viel gewichtigeren Entdeckung in

Verbindung gebracht. Mitte der 1920er-Jahre wurden weitere Galaxien entdeckt. Als die Astronomen deren Bewegungszustand im Weltraum mithilfe ihres Galaxienlichtes bestimmten, waren sie verblüfft. Denn *alle* weiter entfernten Galaxien (deutlich jenseits von Andromeda) bewegten sich offenbar von uns weg! Dieses Phänomen wurde „**Galaxienflucht**" genannt. Wissenschaftshistorisch interessant ist in diesem Zusammenhang, dass diese Entdeckung oft dem US-Astronomen Edwin Hubble zugeschrieben wird, obwohl vor ihm in den Jahren 1924–1927 der deutsche Astronom Carl Wirtz (1876–1939) und der Belgier Georges Lemaître (1894–1966) diese Untersuchungen machten und das Gesetz empirisch fanden (Quelle: „Sterne und Weltraum", Nov 2009, I. Appenzeller, S. 44–52).

Besonders erschüttert über die Entdeckung der Fluchtbewegung soll Albert Einstein gewesen sein. Denn mit der neu entdeckten Dynamik des Kosmos war das statische Universum mit einem Schlag veraltet – und damit auch seine kosmologische Konstante Λ unnötig geworden. Fortan musste die kosmische Expansion als kosmologisches Modell erklärt werden. Dies gelang auch einigen Kennern von Einsteins Theorie mit der Allgemeinen Relativitätstheorie, nämlich dem Russen Alexander A. Friedmann (1888–1925), dem bereits erwähnten Lemaître, dem US-Amerikaner Howard P. Robertson (1903–1961) und dem Briten Arthur G. Walker (1909–2001). Ihre Forschungsarbeiten zwischen 1922 und 1933 waren richtungsweisend bis heute, weshalb Kosmologen auch heute noch von der „**FLRW-Kosmologie**" sprechen, FLRW gemäß den Nachnamen dieser Pioniere. Besonders muss die Leistung von Lemaître erwähnt werden, der aus wissenschaftshistorischer Sicht als der „Vater der Urknall-Theorie" angesehen werden muss. Lemaître publizierte 1931 eine Veröffentlichung in der renommierten Fachzeitschrift „nature", in der er von der „Geburt des Raumes" sprach. Damit meinte er den Punkt in der Vergangenheit, den man findet, wenn man die Expansionsbewegung in der Zeit rückwärts verfolgt. Macht man dies lange genug, muss man an einen Punkt kommen, wo die Expansion des Kosmos ihren Anfang hatte. Der britische Astronom

Fred Hoyle (1915–2001) hatte dafür 1949 in einem Radiointerview das Wort „**Big Bang**", wörtlich der „Große Knall" (im Deutschen „Urknall"), erfunden, was er eigentlich als Schimpfwort verstanden wissen wollte. Denn er hatte seine eigene kosmologische Theorie und war kein Freund von der „Geburt des Raums". Witzigerweise trat dieses Schimpfwort seinen Siegeszug an, die Begriffswelt der Kosmologie zu erobern.

Die Beweislast für einen kosmischen Anfang in einem sehr kleinen und heißen Zustand wurde noch erdrückender, als 1965 die US-amerikanischen Radioastronomen Arno A. Penzias (geb. 1933) und Robert W. Wilson (geb. 1936) die kosmische Hintergrundstrahlung entdeckten. Diese Strahlungsform ist das Älteste, was die Menschheit überhaupt messen kann. Für ihre Entdeckung gab es 1978 den Nobelpreis für Physik. Die kosmische Hintergrundstrahlung ist ein Überbleibsel von den Anfängen des Universums und machte sich auf den Weg, als es weder Sterne noch Galaxien oder Planeten gab. Es gab nur fein verteilte Materie, im Wesentlichen Wasserstoff und Helium, also die beiden häufigsten Elemente im Kosmos. Dieses Material hatte eine Temperatur von ungefähr 3000 Kelvin und gab Wärmestrahlung ab. Das tun alle Körper, sogar wir selbst, wie man heutzutage mit einer Wärmebildkamera sichtbar machen kann. Das Helligkeitsmaximum der Wärmestrahlung wandert mit zunehmender Temperatur von dem langwelligen in den kurzwelligen Bereich des elektromagnetischen Spektrums. 3000 Kelvin sind eigentlich nicht viel; gerade mal die Hälfte der Temperatur der Sonnenoberfläche oder ungefähr doppelt so heiß wie die Maximaltemperatur einer Kerzenflamme. Wärmestrahlung liefert ein kontinuierliches Spektrum, d. h., man findet eine Strahlungsintensität bei allen möglichen Wellenlängen von sehr lang (Radiowellen) bis sehr kurz (im Prinzip bis in den Röntgen-Gamma-Bereich). Allerdings nimmt das Spektrum bei einer bestimmten Wellenlänge eine Maximalintensität (oder Maximalhelligkeit) an. Bei den anderen Wellenlängen weit darunter oder weit darüber wird die Strahlungsintensität sehr stark unterdrückt. So hat man (nach dem sogenannten Wien'schen Verschiebungsgesetz) bei 3000 Kelvin Körpertemperatur die größte Strahlungsintensität bei ca. einem Mikrometer. Das ist der Bereich der Infrarotstrahlung, also jenseits von rotem Licht. Das gilt aber nur vor Ort bei der Strahlungsquelle! Weil sich das Universum ausdehnt, werden Längenstücke entsprechend auseinandergezogen. Daher vergrößern sich die Abstände von Galaxien, wie in den 1920er-Jahren beobachtet. Diesem Effekt unterliegen aber auch alle elektromagnetischen Wellen. Malen Sie eine Lichtwelle auf eine Gummihaut und ziehen nun die Gummihaut auseinander, so dehnt sich auch die aufgemalte Lichtwelle. Eine anschauliche Vorstellung ist das **„Luftballon-Universum"** (vergleiche auch Kapitel 4.8).

In dieser Analogie bestehe das Universum aus einer kugelrunden Ballonhaut. Stellen Sie sich ein paar Punkte auf der Ballonhaut vor, die Galaxien symbolisieren sollen. Bläst man den Ballon auf, so vergrößert sich der Abstand der aufgemalten Punkte bzw. Galaxien. Von einer beliebig herausgegriffenen Galaxie scheint es, dass sich mit dem Aufblasen alle Galaxien von dieser bestimmten Galaxie entfernen. Das gilt für alle Galaxien! Diese wunderbare Analogie zur „Galaxienflucht" ist sogar noch auf eine aufgemalte Lichtwelle anwendbar. Die Lichtwelle wird auseinandergezogen, d. h., ihre Wellenlänge nimmt zu. Das heißt aber nichts anderes, als dass sich die Lichtwelle vom blauen zum roten Ende des Spektrums hin verschoben hat (auch in Abbildung 3.5.3). Physiker nennen das **Rotverschiebung**, genauer gesagt kosmologische Rotverschiebung, weil der Grund dafür die Ausdehnung des Kosmos ist (Achtung, es gibt zwei andere Formen der Rotverschiebung: Doppler-Rotverschiebung und Gravitationsrotverschiebung, Kapitel 4.4, die streng von der kosmologischen Rotverschiebung zu unterscheiden sind!). Die kosmische Hintergrundstrahlung unterliegt genau diesem Rotverschiebungseffekt, d. h., ihr Strahlungsmaximum wurde von seiner ursprünglichen Wellenlänge im Infrarotbereich, die sie bei der Aussendung hatte, rotverschoben zu größeren Wellenlängen, nämlich Mikrowellen, wenn sie bei uns auf der Erde ankommt. Da dieser Trend von der Vergangenheit in die Zukunft des Universums immer nur zunehmenden Charakter hat, kann man die mittlere Wellenlänge der Hintergrundstrahlung wunderbar als Indikator verwenden,

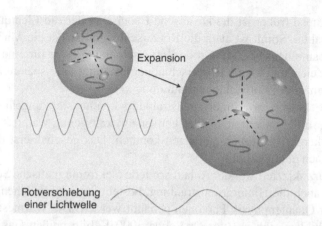

Abb. 3.5.3 Luftballon-Universum und rotverschobene Lichtwelle. © A. Müller

in welcher kosmischen Epoche man sich gerade befindet. Denn je mehr die Hintergrundstrahlung rotverschoben ist, umso später muss die kosmische Epoche sein, in der dies gemessen wird. In der Vergangenheit war die Hintergrundstrahlung ja „blauer". Die mittlere Wellenlänge der Hintergrundstrahlung wäre also – wie die Entropie! – eine gute Größe, um das Verstreichen von (kosmischer) Zeit zu messen. Genauso verhält es sich mit der mittleren Temperatur im Universum. Das Universum kühlt mit fortschreitender Expansion aus, d. h., die Temperatur nimmt ab.

Ein Astronom misst eine Spektrallinie in einem irdischen Experiment bei einer ganz bestimmten festen Wellenlänge oder Frequenz. Da diese Messung in einem ruhenden Experiment direkt vorgenommen wird, misst der Astronom hier die sogenannte Ruhewellenlänge. Entsteht die gleiche Spektrallinie irgendwo da draußen im Kosmos, gibt es einen entscheidenden Unterschied: Die Lichtquelle befindet sich irgendwo da draußen in einer Epoche des Universums in einem früheren Entwicklungszustand, nämlich einem etwas kleineren und heißeren Kosmos. Bis die Spektrallinie also bei uns ankommt, wurde sie zum Roten hin verschoben. Je stärker das Ausmaß der kosmologischen Rotverschiebung, umso weiter ist die Lichtquelle entfernt, bzw. umso früher ist die kosmische Epoche, in der die Lichtquelle ausstrahlte. Somit ist auch die Rotverschiebung selbst ein Maß für die kosmologische Zeit. Große Rotverschiebung steht für eine frühere Zeit – und kleine Rotverschiebung bedeutet eine spätere Zeit, also ein spätes Entwicklungsstadium.

Die kosmische Hintergrundstrahlung konnte sich ungehindert im Kosmos ausbreiten, als das Universum kalt genug war, dass die Atomkerne Elektronen einfangen konnten. Das geschah erst deutlich nach dem Urknall.

Kurz skizziert war der Ablauf so: Jede elektromagnetische Strahlung, auch die Hintergrundstrahlung, besteht aus Lichtteilchen, die in der Quantenphysik Photonen genannt werden. Die Wärmestrahlung bildete sich im (vor Ort) etwa 3000 Kelvin heißen Gas, das aus Wasserstoff und Helium bestand. Zunächst waren die Lichtteilchen allerdings in dem Gas gefangen. Denn das Gas war heiß genug, dass es ionisiert war, d. h., die Gasatome waren in elektrisch positiv geladene Gasionen und elektrisch negativ geladene Elektronen zerlegt. An diesen elektrischen Ladungen – vor allem den Elektronen – werden die Lichtteilchen gestreut. Erst als infolge der kosmischen Expansion sich das Gas weiter ausdehnte und abkühlte, war es irgendwann kalt genug, dass die Gasionen die Elektronen einfingen. Dieser Vorgang heißt **Rekombination** und ereignete sich knapp 400.000 Jahre nach dem Urknall. Das Gas wandelte sich in elektrisch neutrale Atome um, und die Streuung der Lichtteilchen wurde deutlich reduziert. Dann wurde das Universum schlagartig durchsichtig für die meisten Photonen, die sogar nach 13,69 Milliarden Jahren bis zur Erde kamen. Das ist gut so, gibt die Hintergrundstrahlung doch Aufschluss über sehr viele kosmische Zusammenhänge.

Heute wissen die Kosmologen, dass erst deutlich nach der Rekombinationsepoche die ersten Sterne im Universum entstanden, nämlich zwischen 500 und 1000 Millionen Jahren nach dem Urknall. Die Sterne begannen sofort ihre „Arbeit" als Fusionsreaktoren und erzeugten im Innern schwerere Elemente, ein Vorgang, dem wir das Licht der Sterne verdanken (Astrophysik Aktuell: „Sterne" von A. Weiß). Nachdem dann die erste Sterngeneration an ihr Ende kam und z. B. die Sterne in Supernovae explodierten, stand eine Menge neues Material – jetzt angereichert mit neuen, schweren Elementen („Metallen") – zur Verfügung. Das interstellare Medium verdichtete sich wieder, um die nächste Sterngeneration hervorzubringen – jetzt aber mit bereits vorhandenen Metallen. Die zweite Generation der Sterne fand sich zu Gruppen und Galaxien zusammen. Irgendwann, genauer gesagt vor 4,5 Milliarden Jahren, erschien dann auch unser Sonnensystem auf der Bildfläche. Bauteile der Milchstraße hingegen gab es schon viel länger. Je nachdem, von welchem Bauteil man genau das Alter bestimmt, ergibt sich ein Alter von mehr oder weniger 10 Milliarden Jahre. Das **kosmologische Standardmodell** von der Entstehung und Entwicklung des Universums kann bildlich sehr knapp und übersichtlich dargestellt werden (Abbildung 3.5.4).

Dieser längere Exkurs in die Entstehung des Weltbilds der modernen Kosmologie soll zeigen, dass auch im Rahmen der kosmologischen Beobachtungen geeignete Parameter gefunden werden können, die den kosmischen Fluss der Zeit anzeigen, nämlich, wie erwähnt, die mittlere Wellenlänge der kosmischen Hintergrundstrahlung, die mittlere Temperatur des Universums oder die kosmologische Rotverschiebung. Sie alle könnten dazu benutzt werden, den **kosmologischen Zeitpfeil** zu definieren. Die Metallhäufigkeit eignet sich hingegen nicht, wie wir soeben diskutiert haben. Haben wir damit eine universelle, kosmische Zeit gefunden? Können wir die eben genannten kosmologischen Indikatoren für die kosmische Zeit beliebig weit in die kosmische Vergangenheit und Zukunft verwenden? Diese Fragen werden wir in Kapitel 6 wieder aufgreifen.

3.6   Blick zurück: Kosmos der Teilchen und Quanten

Bei der Beschreibung der kosmologischen Entstehungsgeschichte im vorangegangenen Kapitel sind noch ein paar Fragen offen geblieben. So z. B. woher die leichtesten chemischen Elemente Wasserstoff

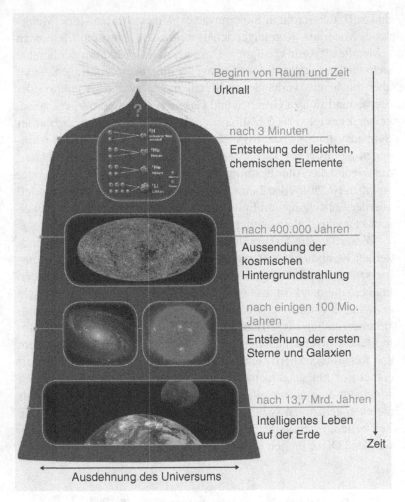

Abb. 3.5.4 Kurze Geschichte des Universums. © Exzellenzcluster Universe, München, Ulrike Ollinger

und Helium gekommen sind. Interessanterweise verlassen wir bei der Beantwortung dieser Frage die Astronomie und kommen vielmehr in die Teilchen- und Kernphysik. Wie bei der Physik der Sterne bereits besprochen, stammt das Sternenlicht aus der Kernfusion. Die ersten Sterne im Universum mussten das Ausgangsmaterial, das ihnen zur Verfügung stand, benutzen, um die ersten Fusionsreaktionen in Gang zu bringen. Das waren im Wesentlichen Wasserstoff und Helium. Es stammt aus Prozessen, bei denen das Universum selbst dicht und heiß genug war, um die Fusion in Gang zu bringen. Wir reden hier von den ersten wenigen Minuten nach dem Urknall. Astronomen nennen diese Phase die *primordiale* **Nukleosynthese**, also die Verschmelzung von Atomkernen am Anfang der Welt. Im Unterschied dazu grenzen sie davon ab die *stellare* Nukleosynthese, also die Elemententstehung über Kernfusion in Sternkernen, und die *explosive* Nukleosynthese, also die Elemententstehung über kernphysikalische Reaktionen in den heißen Explosionsfronten von Sternexplosionen. Die primordiale Nukleosynthese erforderte Temperaturen von einer Milliarde Grad, war also fast hundertmal heißer als das Zentrum der Sonne. Das erste Element Wasserstoff in seiner leichtesten Form, nämlich Protonen, gab es schon. Wasserstoff gibt es jedoch auch in schweren Varianten, bei denen ein Neutron oder sogar zwei Neutronen mehr im Atomkern vorkommen. Diese Wasserstoffisotope (Kapitel 3.3) heißen Deuterium und Tritium. Bis drei Minuten nach dem Urknall war der Kosmos noch so heiß, dass eine Verbindung von einem Proton und einem Neutron durch die Hitze wieder aufgebrochen werden könnte. Physiker drücken es so aus, dass die mittlere Temperatur des Universums größer war als die Bindungsenergie von Deuterium (ca. zwei Mega-Elektronenvolt). Mit fortschreitendem Alter des Universums dehnte es sich aus und kühlte dabei auch weiter ab. Die mittlere Temperatur im Kosmos sank und konnte schließlich nicht mehr Deuterium aufbrechen. Deuterium (^{2}H, die hochgestellte Ziffer ist die Summe aller Protonen und Neutronen im jeweiligen Atomkern), schwerer Wasserstoff, konnte seither stabil existieren. Durch die Bindung eines weiteren

Neutrons aus der Umgebung bei weiter abgesunkener Temperatur wurde daraus Tritium. So heißt überschwerer Wasserstoff (^{3}H), der im Atomkern ein Proton und zwei Neutronen besitzt. Deuterium und Tritium können auch verschmelzen, und zwar zu einem Atomkern mit zwei Protonen und einem Neutron. Das erste neue Element war so geboren! Es handelte sich dabei um Helium (^{3}He). Diese Kette setzte sich weiter fort, bis auch die schwere Variante von Helium (^{4}He) und Lithium (^{7}Li) aus drei Protonen und vier Neutronen und Beryllium (^{7}Be) aus vier Protonen und drei Neutronen im Atomkern entstanden. Jetzt war die Kette plötzlich unterbrochen, weil sozusagen die Kernphysik dazwischen gegrätscht hatte. Denn es gibt kein stabiles Element, das aus acht Nukleonen besteht. Hier endete die primordiale Nukleosynthese nach der Herstellung von vier chemischen Elementen, ca. 20 Minuten nach dem Urknall. Dieser Ablauf der heißen Elemententstehung wurde bereits 1946 von dem russischen Physiker George Gamow vorhergesagt.

Nun liegt ein Bündel von Fragen auf der Hand: Woher kamen die ersten Protonen? Woher kamen die Kräfte, die den frühen Kosmos dominierten? Wo sind die primordial gebildeten Elemente heute? Arbeiten wir doch die Fragen von hinten nach vorne ab. Die ersten erzeugten Elemente sind freilich noch da draußen, im Weltall. Astronomen beobachten sie und stellen fest, dass die gesamte gewöhnliche Materie im Kosmos zu fast 75 % aus Wasserstoff und fast 25 % aus Helium besteht. Alle schwereren Elemente, die „Metalle", sind bis heute deutlich unterrepräsentiert, obwohl seit Milliarden Jahren das Sternenfeuer von Hunderten Milliarden Sternen in Hunderten Milliarden Galaxien schwerere Elemente produziert! Die ersten beiden Fragen sind schon deutlich schwieriger zu beantworten, und sie hängen auch miteinander zusammen.

Wie die Physiker heute wissen, haben auch die Protonen und Neutronen eine Substruktur. Sie bestehen selbst aus Teilchen, die **Quarks** genannt werden (vgl. den nachfolgenden Kasten „Teilchenzoo: Hadronen, Baryonen, Mesonen").

? Teilchenzoo: Hadronen, Baryonen, Mesonen

Bekannt und experimentell nachgewiesen wurden bislang
sechs Quarks. Sie heißen: up, down, strange, charm, bottom, top.
Außerdem gibt es die dazu passenden Antiteilchen, somit sechs Anti-
quarks. Die Quarks können in Zweier- oder in Dreiergruppen zusam-
menkommen und so neue Teilchen bilden. Mesonen bestehen aus
zwei Quarks und Baryonen aus drei Quarks. Der Oberbegriff für alle
Teilchen, die aus Quarks bestehen, lautet Hadronen (Abbildung 3.6.1).

Quarks haben interessanterweise drittelzahlige elektrische Ladungen, sodass unterschiedliche elektrische Gesamtladungen für das
zusammengesetzte Teilchen resultieren können. So ist zum Beispiel
die Gesamtladung beim Proton einfach positiv und diejenige vom
Neutron null. Nach allem, was die Teilchenphysiker heute wissen,
sind Quarks wirklich elementar, soll heißen, bestehen nicht selbst aus
weiteren Teilchen.

Die große zweite Teilchengruppe, die die Physiker entdeckt haben,
heißt **Leptonen**. Das vertraute Elektron, das um Atomkerne „kreist"
und die Chemie in der Elektronenhülle regiert, ist ein Lepton. Es hat
schwere Geschwister in Form des Myons und des Tau-Teilchens,
aber es hat auch viel leichtere Geschwister in Form der elektrisch
neutralen und extrem leichten Neutrinos. Alle Leptonen werden
in drei Familien (*Flavours*) unterschieden: Elektron, Myon, Tau.
Die Leptonen sind ebenfalls Elementarteilchen. Alle Teilchen des
Standardmodells der Teilchenphysik können auf der Grundlage der
Quantentheorie erklärt werden, und sie wurden experimentell auch
nachgewiesen.

Das Higgs-Teilchen, das in der Theorie dafür verantwortlich ist,
dass alle anderen Elementarteilchen eine endliche Ruhemasse haben, wurde offenbar endlich entdeckt. Das Higgs-Teilchen wurde
schon seit Jahren in diversen Experimenten an Teilchenbeschleunigern gejagt. Im Juli wurde am Europäischen Kernforschungszentrum
CERN nahe Genf bekanntgegeben, dass ein neues Boson mit der
Masse von rund 125 GeV entdeckt wurde. Sehr wahrscheinlich ist
dies das vor 50 Jahren vorhergesagte Higgs-Boson.

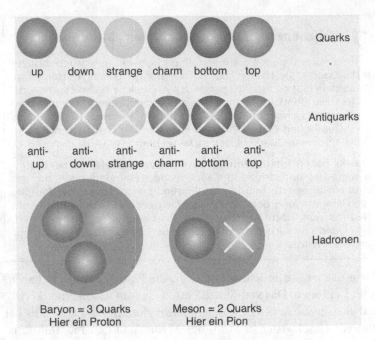

up   down   strange   charm   bottom   top   Quarks

anti-   anti-   anti-   anti-   anti-   anti-   Antiquarks
up   down   strange   charm   bottom   top

Hadronen

Baryon = 3 Quarks   Meson = 2 Quarks
Hier ein Proton   Hier ein Pion

Abb. 3.6.1 Die sechs Quarks up, down, strange, charm, bottom, top und ihre sechs Antiquarks sind Elementarteilchen im Standardmodell der Teilchenphysik. Die Quarks können sich zu Paaren – den Mesonen – oder zu Trios – den Baryonen – zusammenfinden. © A. Müller

Die Materieteilchen Quarks und Leptonen sind nur eine Seite der Medaille. Hand in Hand mit der physikalischen Beschreibung der Materieteilchen geht die Beschreibung der fundamentalen Naturkräfte. Die vier Fundamentalkräfte kann man gut an sich selbst veranschaulichen: Die erste ist die Schwerkraft (Kapitel 2.4). Sie wirkt zwischen Massen und lässt Gegenstände zu Boden fallen. Sie hält einen Menschen an der Erdoberfläche. Aber warum fällt ein Mensch nicht durch die Oberfläche hindurch bis zum Erdmittelpunkt? Weil er von einer stärkeren Kraft aufgehalten wird: der zweiten fundamentalen Kraft, nämlich der elektromagnetischen Kraft. Wir bestehen aus elektrisch neutral geladenen Atomen. Bei genauerer

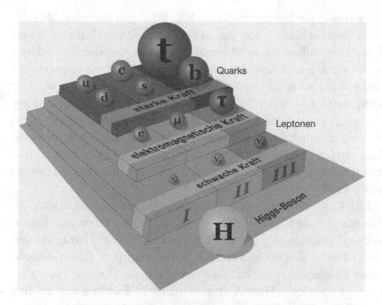

Abb. 3.6.2 Das Standardmodell der Teilchenphysik. Die Quarks und Leptonen teilen sich auf drei Familien auf. Zusätzlich erforderlich ist das Higgs-Teilchen, das am CERN im Juli 2012 experimentell nachgewiesen werden konnte. © Exzellenzcluster Universe, München, Ulrike Ollinger

Betrachtung sind Atome negativ geladene Elektronenwolken, in deren Mitte sich ein winziger, elektrisch positiv geladener Atomkern befindet. Wir stehen auf der Erdoberfläche, d. h., die Atomschichten unserer Fußsohlen stoßen auf die Atomschichten im Boden. Außen sind das aber Elektronenhüllen, was wiederum bedeutet, dass elektrisch negativ geladenen Schichten aufeinanderstoßen. Diese stoßen sich mit elektromagnetischen Kräften ab, sodass wir nicht durch den Boden hindurchfallen.

Offenbar zerlegen sich unsere Atome auch nicht vor unseren Augen. Zum einen werden Atomkern und Atomhülle zusammengehalten, zum anderen zersetzen sich die Elektronen oder die Atomkerne offenbar nicht. Mit anderen Worten: Sie sind sehr stabil. Wir lernten bereits Atomkerne kennen, die nicht so stabil sind, nämlich die radioaktiven Elemente (Kapitel 3.3). Es gibt sie zwar, aber offenbar besteht nicht – oder nur in sehr geringerem Umfang – unser Körper aus radioaktivem Material. Die Kraft, die die Radioaktivität des Betazerfalls bewirkt, heißt schwache Kraft. Sie ist von sehr kurzer Reichweite und zerlegt wie oben beschrieben Protonen oder Neutronen im Atomkern. Zum Glück passiert das selten, sodass wir daher von der schwachen Kraft als dritte Fundamentalkraft nicht in den körperlichen Zerfall getrieben werden. Die Quarks in den Protonen und Neutronen werden schließlich von der vierten und stärksten Kraft zusammengehalten. Sie heißt daher passenderweise starke Kraft.

Das Kraftbild wurde in der modernen Quantenphysik ersetzt. Zu jeder der gerade beschriebenen vier Kräfte sollen demnach „Botenteilchen" gehören, die die Kraft vermitteln. Wie ein Bote, der von einem Sender ausgeht und einen Adressaten trifft, z. B. um ihm von seiner Existenz zu berichten, so vermitteln die Botenteilchen zwischen „Ladungen". Hierbei muss der Begriff **Ladung** nun als eine sehr allgemeine Teilcheneigenschaft aufgefasst werden. Recht vertraut sind uns elektrische Ladungen. Es gibt drei Ladungszustände: elektrisch positiv, elektrisch negativ und elektrisch neutral. Gleichnamige Ladungen stoßen sich ab, ungleichnamige ziehen sich an, und zwischen neutralen Ladungen gibt es keinerlei Kräfte. Der Ladungsbegriff kann für die anderen drei Kräfte verallgemeinert werden. Bei der schwachen Kraft gibt es eine Hyperladung, und bei der starken Kraft gibt es Farbladungen. Sogar die Eigenschaft Masse kann bei der Schwerkraft als Ladung verstanden werden, jedoch gibt es nur einen Ladungszustand, nämlich die positive Masse – das ist das Besondere an der Gravitation. Alle Massen ziehen sich an. Die Gravitation kann nicht abgeschirmt werden. Die Botenteilchen, die zwischen den Ladungen die Kraft vermitteln, haben nun je nach Kraftart bestimmte Namen bekommen. Bei der elektromagnetischen Kraft heißen sie Photonen, im Prinzip ist das die quantisierte Version von elektromagnetischen Wellen oder – ganz einfach gesagt – Licht. Bei der schwachen Kraft heißen die Botenteilchen W^+-, W^-- und Z^0-Teilchen, d. h., sie können auch elektrisch geladen sein. Bei der starken Kraft heißen die Botenteilchen Gluonen. Es gibt davon acht, die selbst die Ladung, die sie vermitteln (die Farbladung), tragen. Das ist eine Besonderheit, die die starke Kraft unter allen Kräften auszeichnet. Die Gluonen „verkleben" (engl. *to glue*) die Quarks zu Hadronen.

Die quantenhafte Beschreibung von drei dieser Naturkräfte (außer der Gravitation) ist außerordentlich erfolgreich. Zu jeder Kraft gibt es eine **Quantenfeldtheorie,** die von den Teilchenphysikern entwickelt wurde. Bei der elektromagnetischen Kraft heißt sie **Quantenelektrodynamik (QED).** Bei der starken Kraft heißt sie **Quantenchromodynamik (QCD),** und bei der schwachen Kraft wurde entdeckt, dass sie mit der elektromagnetischen Kraft zur sogenannten **elektroschwachen Theorie** verknüpft werden kann. Photon, die beiden W- und das Z-Teilchen sind sozusagen miteinander verwandt. Es war eine große Leistung dieser Theorie, dass W- und Z-Bosonen vorhergesagt werden konnten und tatsächlich 1983 am Kernforschungszentrum CERN entdeckt wurden – ein Durchbruch, der mit dem Nobelpreis für Physik 1999 geehrt wurde. Einen weiteren Erfolg kann in diesem Zusammenhang die QCD verbuchen, denn während Quarks bei tiefen Temperaturen zu Mesonen und Baryonen gebunden werden, kann dieser Verbund bei hohen Temperaturen aufgebrochen werden. Dann entsteht ein vollkommen neuer Materiezustand aus freien Quarks und freien Gluonen, der **Quark-Gluon-Plasma (QGP)** genannt wird. Es ist 2004 gelungen, diesen exotischen Materiezustand am US-amerikanischen Teilchenbeschleuniger Relativistic Heavy Ion Collider (RHIC) herzustellen und nachzuweisen. RHIC hat damit ein Fenster in die Zeit ganz kurz nach dem Urknall geöffnet. Denn bei den hohen Temperaturen von einer Billion Grad und Dichten von ungefähr 2×10^{15} g cm^{-3} lag die Materie als QGP vor. Diese Epoche heißt in der Kosmologie auch **Quarkära** und ereignete sich etwa 10^{-23} Sekunden nach dem Urknall. Als sich danach das Universum weiter ausdehnte und abkühlte, wurde die für das QGP notwendige Temperatur unterschritten, und die Quarks „froren aus" zu Mesonen und Baryonen. Dieser Vorgang wird auch Hadronisierung genannt, und die betreffende Epo-

che im frühen Universum, in der das stattfand, heißt **Hadronenära.**
Sie folgte auf die Quarkära, etwa bei einer Zeit von 10^{-4} Sekunden
nach dem Urknall. Die neu gebildeten Hadronen vernichteten sich
zum großen Teil mit den Antihadronen. Deshalb folgte eine Phase, in der die Leptonen dominierten, die folgerichtig **Leptonenära**
heißt. Sie ereignete sich zwischen 10^{-4} und einer Sekunde nach dem
Urknall.

Nach all den Details zum Teilchenzoo bleibt unter dem Strich die
Erkenntnis, dass der Blick zurück zum Urknall in früheste Epochen
führt, wo die Materie nach und nach in ihre Einzelteile zerlegt wird.
Immer noch können wir fragen, was davor war. Folgen wir Einsteins
Relativitätstheorie, einer unquantisierten Theorie, dann war der Anfang der Urknall. Versuchen wir, dem Anfang mit der Quantentheorie
auf die Spur zu kommen, so war am Anfang das **Quantenvakuum.**
Letztendlich ist damit ein Grundzustand gemeint, der bleibt, wenn
man scheinbar absolute Leere hat. Nach der Quantentheorie ist so
etwas nicht möglich. Vergleichen wir dies zur Veranschaulichung
mit einem mechanischen Pendel, z. B. demjenigen einer Pendeluhr.
Steckt man Bewegungsenergie in das Pendel, so schwingt es hin und
her. Der Quantenphysiker würde sagen, dass es sich in einem an-
geregten Zustand befindet. Wir können das Pendel makroskopisch
zum Stillstand bringen, sodass es nicht mehr schwingt. Das würde
ein Quantenphysiker als Grundzustand bezeichnen. Grundzustand
und angeregter Zustand unterscheiden sich in ihrer Energie. In der
Quantentheorie gibt es ebenfalls solche schwingfähigen Systeme
wie das Pendel. Die mikroskopische Variante könnte man „Quantenpendel" nennen – die Quantenphysiker sagen dazu harmonischer
Oszillator. Rechnet man ein solches Quantenpendel durch und bestimmt die verschiedenen energetischen Zustände, die es einnehmen
kann, so stellt man mit Verblüffung fest, dass das Quantenpendel im
Grundzustand nicht etwa eine Energie von null hat, sondern einen
endlichen Energiewert. Das heißt, dass ein Quantenpendel selbst im
Grundzustand noch hin- und herschwingt! Die dazugehörige Energie wird **Nullpunktsenergie** genannt. Ein Quantenpendel befindet
sich niemals in Ruhe.

Nun ein zweites Beispiel: Wenn ein Experimentator mithilfe einer Vakuumpumpe das Innere eines Behälters leer pumpt, so verringert er die Teilchenzahldichte im Behälter mehr und mehr. Ein noch besseres Vakuum, als sich irdisch je erzeugen lassen würde, befindet sich draußen im Weltall. Pro Kubikzentimeter gibt es ungefähr nur ein Teilchen im Durchschnitt. Nehmen wir an, der Experimentator würde aus diesem Volumen auch das letzte verbliebene Teilchen entfernen, in der Hoffnung, dass es tatsächlich leer wäre. Dann lautet die faszinierende Feststellung nach den Gesetzen der Quantenphysik, dass selbst dann der Behälter noch nicht leer wäre. Es kommt hier das Gesetz der **Heisenberg'schen Unschärferelation** zum Tragen. Ausgedrückt als Energie-Zeit-Unschärfe besagt es, dass man sich für nur eine ausreichend kurze Zeit Energie aus dem Vakuum „leihen" kann. Mit dieser Energie könnte man Paare aus Teilchen und Antiteilchen erzeugen, die dann die Leere bevölkern. Genauso verhält es sich im Quantenvakuum. Es ist nicht leer, sondern angefüllt mit Teilchen-Antiteilchen-Paaren, die kommen und gehen. Die Paare vernichten sich wieder nach kurzer Zeit. Die meisten Kosmologen erwarten, dass dieser Zustand des Quantenvakuums auch am Anfang des Universums vorgelegen haben muss. Es war nach einem der mittlerweile vielen kosmologischen Modelle sozusagen der Urzustand des Universums, in dem es auch im Prinzip beliebig lange verharrt haben könnte. Darauf werden wir am Ende von Kapitel 5 zurückkommen.

3.7 Blick nach vorn: Kalter, dunkler Kosmos

In Kapitel 3.5 haben wir bereits die kosmische Mikrowellen-Hintergrundstrahlung (engl. *cosmic microwave background*, CMB) behandelt, die die Erde aus allen Richtungen erreicht und als Relikt des heißen Urknalls angesehen wird. Die Astronomen erforschen diese Strahlungsform mit immer besserer Genauigkeit. Ende der 1980er-,

Anfang der 1990er-Jahre wurde der NASA-Satellit Cosmic Background Explorer (COBE) eingesetzt, der so genaue Daten lieferte, dass auf einer Temperaturskala von 10 Mikrokelvin richtungsabhängige Schwankungen des CMB festgestellt wurde, die sogenannten Anisotropien. Sie wurden interpretiert als Muster, das die ersten Urgalaxien in der CMB-Karte hinterlassen hatten. 2006 wurde das COBE-Team daher für die Entdeckung dieses Musters mit dem Nobelpreis für Physik ausgezeichnet. Danach folgte eine weitere US-amerikanische Mission der NASA, nämlich Wilkinson Microwave Anisotropy Probe, kurz WMAP. Die Daten wurden noch besser und erlaubten eine sehr genaue Bestimmung der Hubble-Konstanten, der Zusammensetzung des Kosmos und auch Tests von Modellen für die Inflation, eine rasante Ausdehnungsphase, die im frühen Universum stattgefunden haben soll (Kapitel 4.8). Mittlerweile haben wir den ESA-Satelliten PLANCK im All, der noch bessere Daten liefern soll.

Von den Messungen der kosmischen Hintergrundstrahlung unabhängig, gibt es zwei weitere Methoden, um kosmologische Parameter, vor allem das Energiebudget im Kosmos, zu bestimmen, nämlich die Supernovae Typ Ia und die Galaxienhaufen. Supernovae vom Typ Ia sind explodierende Sterne eines bestimmten Typs. Die Sonne wird nach ihrer Phase als Roter Riesenstern ihre äußeren Hüllen an den Weltraum abgestoßen haben. Der Sonnenkern bildet ein kompaktes Überbleibsel, das die Astronomen Weißer Zwerg nennen. Weiße Zwerge sind in etwa so groß wie die Erde, haben aber ungefähr die Masse der Sonne. Sie sind an der Oberfläche mit 10.000 bis über 50.000 Grad sehr viel heißer als die Sonne. Im Innern der Weißen Zwerge läuft keine Kernfusion mehr ab, was sofort die Frage aufwirft, was sie gegenüber einem Gravitationskollaps stabilisiert, wenn es „innen nicht mehr kocht". Faszinierenderweise ist es eine Form von Quantendruck. Die Elektronen im Innern der Weißen Zwerge können nicht beliebig zusammengequetscht werden. Irgendwann verbietet das Pauli-Prinzip der Quantenphysik, dass sich die Elektronen näher kommen. Das Pauli-Prinzip gilt übrigens für alle Teilchen mit halbzahligem Spin (Fermionen; Kasten „Der Teilchenspin").

? Der Teilchenspin

Der Spin ist eine Teilcheneigenschaft, der in der Quantenphysik eine wichtige Rolle spielt. Anschaulich wird der Spin gerne als Eigendrehimpuls aufgefasst, was man sich vorstellen kann wie eine Kugel, die sich um sich selbst dreht. Die Drehachse gibt die Richtung des Spins an. Das ist allerdings nur eine Hilfsvorstellung, die nicht viel bringt. Eigentlich besitzt der Teilchenspin kein klassisches Analogon.

Physiker bezeichnen den Spin als *Quantenzahl* und meinen damit, dass es eine Teilcheneigenschaft ist, die mit einer Zahl angegeben werden kann. Erstaunlicherweise folgt der Spin mathematisch, wenn man die Schrödinger-Gleichung der Quantenmechanik mit der Speziellen Relativitätstheorie verknüpft. Aus diesem Ansatz folgt die sogenannte Klein-Gordon-Gleichung, eine Wellengleichung, die in der relativistischen Quantenmechanik die Bewegung eines Elektrons beschreibt. Der Spin ist strenggenommen auch eine relativistische Eigenschaft!

Allgemein kann ein Teilchen mit Spin S genau $2S+1$ verschiedene Spinzustände einnehmen. Ein Elektron mit Spin 1/2 hat somit exakt zwei Spinzustände. Sie heißen *spin up* („Spin nach oben") und *spin down* („Spin nach unten").

In der Terminologie bezeichnet man Teilchen mit Spin 0 als Skalarbosonen, mit Spin 1 als Vektorbosonen und mit Spin 2 als Tensorbosonen. In der Quantenstatistik werden alle Teilchen in zwei fundamentale Gruppen eingeteilt: Die Teilchen mit halbzahligem Spin heißen **Fermionen** (nach dem Physiker Enrico Fermi). Und die Teilchen mit ganzzahligem Spin heißen **Bosonen** (zu Ehren des Physikers Satyendranath Bose). Fermionen unterliegen dem **Pauli-Prinzip**, d. h., zwei Fermionen dürfen nicht den gleichen Quantenzustand besetzen. Dazu können wir uns vorstellen, dass der Raum in Quantenzellen eingeteilt ist. Teilchen können in die Quantenzellen nach bestimmten Regeln gesetzt werden. Die Fermionen mit gleichem Spin dürfen nicht in der gleichen Quantenzelle sitzen. Nur wenn sie unterschiedlichen Spin haben, z. B. eines mit „Spin nach oben" und eines mit „Spin nach unten", dürfen sie in eine Zelle. Wenn die Fermionen gleichen Spin haben, müssen sie verschiedene Zellen besetzen, mit anderen Worten räumlich voneinander getrennt sein.

Für Bosonen gilt das Pauli-Prinzip nicht. Es dürfen sogar beliebig viele Bosonen in dieselbe Quantenzelle. D. h., sie können alle denselben energetisch niedrigsten Zustand besetzen, ein Vorgang, der **Bose-** ▶

> ▶ **Einstein-Kondensation** genannt wird.
>
> Der Spin ist die entscheidende Größe, die den Aufbau der Materie bestimmt. Elektronen unterliegen dem Pauli-Prinzip und können daher in den Atomhüllen nur ganz bestimmte Zustände besetzen, jedoch nicht identische. Daraus resultiert die charakteristische Schalenstruktur der Atome und letztendlich der Aufbau des Periodensystems der Elemente. Ohne Elektronenspin und Pauli-Prinzip sähe unsere Welt vollkommen anders aus. Das Pauli-Prinzip ist auch der Grund, weshalb kompakte Sterne wie Weiße Zwerge und Neutronensterne überhaupt stabil sind. Schließlich lässt sich der Magnetismus ebenfalls mit dem Spin erklären.

So macht eine neue Form von Gegendruck mobil gegen die Schwerkraft. Er heißt Entartungsdruck. Der indische Physiker Subrahmanyan Chandrasekhar fand heraus, dass dieser Entartungsdruck nicht für beliebige Massen Weißer Zwerge der Gravitation Paroli bieten kann. Es gibt somit eine Grenzmasse für Weiße Zwerge, die ihm zu Ehren **Chandrasekhar-Masse** genannt wurde. Sie liegt ungefähr bei 1,4 Sonnenmassen und hängt leicht von der Zusammensetzung des Weißen Zwergs ab. Die interessante Frage ist nun, was mit einem Weißen Zwerg geschieht, der z. B. durch Materieaufsammlung aus seiner Umgebung die Grenzmasse überschreitet. Er wird schlagartig instabil und explodiert wie eine Wasserstoffbombe. Dabei wird der Zwerg komplett zerrissen. Die heftige, weit im Kosmos sichtbare Explosion wird von den Fachleuten Supernova Typ Ia genannt. Das Besondere ist nun, dass aufgrund der konstanten Chandrasekhar-Masse immer ungefähr dieselbe Massenmenge bzw. Explosionsenergie zur Verfügung steht. Aus diesem Grund wird die Supernova Typ Ia immer ziemlich gleich hell (mit einer leichten Anhängigkeit von der Zusammensetzung des Zwergsterns, aber das haben die Astronomen im Griff; es gibt allerdings auch Supernovae Ia als Folge zweier kollidierender Weißer Zwerge; all das vertiefend in: Astrophysik Aktuell: „Supernovae und kosmische Gammablitze" von Hans-Thomas Janka). Damit werden sie als sehr gute „Stan-

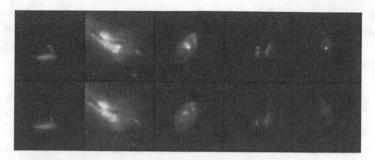

Abb. 3.7.1   Galerie von Galaxien mit Supernovae Typ Ia vor (unten) und nach (oben) der Explosion, aufgenommen mit dem Weltraumteleskop Hubble. © Riess et al., HST, NASA, ESA 2004

dardkerzen", wie die Astronomen sagen, angesehen. Der Astronom kennt dann zwei Größen: Die erste Größe ist die absolute Helligkeit, sozusagen die „Helligkeit vor Ort", die er aus der Theorie von Chandrasekhar ableitet. Die zweite Größe, die der Astronom kennt, ist die gemessene scheinbare Helligkeit, also die „auf der Erde beobachtete Helligkeit". Aus beiden bekannten Größen kann der Astronom sofort messerscharf auf die Entfernung schließen; hier also auf die Distanz der Sternexplosion. Kurzum: Supernovae Typ Ia sind exzellente Entfernungsmesser. Sie werden auch in anderen Galaxien vielfach beobachtet, sodass man mit ihnen in der Extragalaktik die Abstände von Galaxien messen kann.

Im Jahr 1998 war die Aufregung perfekt, denn zwei Teams von Supernovaforschern entdeckten unabhängig voneinander, dass die Entfernungen von einigen beobachteten Sternexplosionen für ein neues kosmologisches Modell des Universums sprechen mussten! Es ist fast eine Ironie der Wissenschaftsgeschichte, dass ein altes Modell, das Einstein enttäuscht in die Ecke wissenschaftlicher Verfehlungen warf, plötzlich wieder topaktuell war, nämlich Einsteins kosmologische Konstante Λ. Fast 80 Jahre nach ihrer Erfindung musste sie nun 1998 wieder benutzt werden, um die Beobachtungen zu erklären. Die kosmologische Konstante bewirkt im späten entwickelten Kosmos eine *beschleunigte* Ausdehnung. Kein anderer

Ansatz kann das erklären, denn Λ mit seinem negativen Druck wirkt sich aus wie eine Form von Antigravitation. Berücksichtigt man die kosmologische Konstante in den Friedmann-Modellen, dann passen die Helligkeiten, Entfernungen und Rotverschiebungen der Supernovae Ia optimal zusammen. Diese Entdeckung war so bedeutsam, dass sie erst vor Kurzem, im Jahr 2011, mit dem Nobelpreis für Physik an die Entdeckerteams, nämlich die US-Amerikaner Saul Perlmutter, Brian P. Schmidt und Adam G. Riess, ausgezeichnet wurde.

Die dritte kosmologische Beobachtungsmethode nach der Hintergrundstrahlung und den Supernovae Ia benutzt die Galaxienhaufen. Es handelt sich dabei um die größten durch die Gravitation gebundenen Materieansammlungen im Universum. Die größten Galaxienhaufen bestehen aus bis zu einigen Tausend Einzelgalaxien, haben Massen von Billiarden Sonnenmassen und Durchmesser von einigen zehn Millionen Lichtjahren. Der Virgo-Haufen im Sternbild Jungfrau ist einer von ihnen und so schwer, dass unsere kleine Galaxiengruppe aus Milchstraße, Andromeda-Galaxie, Magellan'schen Wolken und anderen, von ihm angezogen und irgendwann einverleibt wird. Galaxienhaufen bestehen aus normaler Materie und aus Dunkler Materie (in solchen Haufen wurde sie auch ursprünglich entdeckt), und die große Struktur der Galaxienhaufen wird durch die Dunkle Energie beeinflusst. So ist es natürlich, dass das Wachstum der Galaxienhaufen über Milliarden von Jahren vom kosmischen Budget aus Materie- und Energieformen abhängen muss. Astronomen können mittlerweile das Wachstum der Galaxienhaufen sehr genau untersuchen – einerseits durch immer bessere Beobachtungen und große Mengen an Beobachtungsdaten, andererseits durch Simulationen auf Supercomputern, die ihnen vor Augen führen, wie Galaxienhaufen entstehen und sich im Laufe der Zeit verändern. Auf diese Weise ist es möglich, aus den Galaxienhaufen ebenfalls die kosmologischen Grundparameter zu bestimmen.

Nun ist es ein großer Erfolg der Kosmologie, dass alle drei Methoden – Beobachtung der kosmischen Hintergrundstrahlung, Supernovae Ia und die Galaxienhaufen – sozusagen dieselbe Sprache sprechen. Das belegt eindrucksvoll die Abbildung 3.7.2.

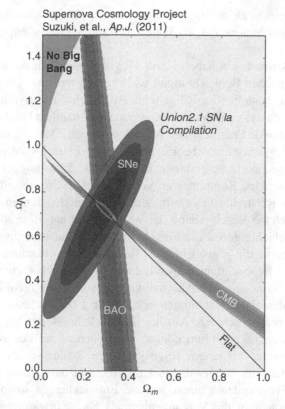

Supernova Cosmology Project
Suzuki, et al., *Ap.J.* (2011)

Abb. 3.7.2 Bestimmung der Anteile von Dunkler Energie und Dunkler Materie im lokalen Universum mit drei astronomischen Methoden. © Supernova Cosmology Project, Suzuki et al., Astrophysical Journal 746, 85, 2012

Die Zusammensetzung des Universums aus normaler Materie plus Dunkler Materie Ω_m und Dunkler Energie Ω_Λ wird mithilfe der kosmischen Hintergrundstrahlung (orangene Fläche), Supernovae Ia (blaue Fläche) und den Galaxienhaufen (grüne Fläche) gemessen. Alle drei Flächen bzw. Methoden überlappen in einem sehr kleinen Gebiet auf der Ω_m-Ω_Λ-Karte und sagen uns, dass das lokale Universum ungefähr zu zwei Drittel aus Dunkler Energie ($\Omega_\Lambda = 0{,}7$) und zu rund einem Drittel aus Dunkler Materie plus gewöhnlicher (baryonischer) Materie (Ω_m=0,3) bestehen muss. Das ist ein eindeutiger Befund.

Die Kosmologen haben kaum Möglichkeiten, um die aktuellen astronomischen Beobachtungen widerspruchsfrei zu erklären: Entweder sie bemühen dazu Einsteins Allgemeine Relativitätstheorie und müssen dann zwei dunkle Komponenten, nämlich Dunkle Materie und Dunkle Energie, in ihr Modell einbauen. Oder sie versuchen eine neue Gravitationstheorie abseits von Einsteins Allgemeiner Relativitätstheorie zu ersinnen und könnten dann möglicherweise auf die dunklen Komponenten verzichten. Die Crux ist, dass sich Einsteins Relativitätstheorie in den letzten hundert Jahren bis heute vielfach zur Beschreibung der Welt bewährt hat. Eine solche Erfolgsgeschichte geben die Forscher natürlich nur sehr ungern auf. Jede Theorie, die gegen Einsteins Relativitätstheorie antritt, müsste sämtliche Beobachtungen in mindestens vergleichbar guter Weise erklären. Eine derartige Alternativtheorie ist bislang nicht in Sicht. Wir werden einige Kandidaten in Kapitel 6.1 besprechen.

Der vorausgeschickte Ausflug in die Methodik der Kosmologie war notwendig, denn nun können wir basierend auf den Beobachtungsbefunden zu einem folgenschweren Schluss ausholen. Die Mächtigkeit der Naturwissenschaften besteht darin, dass wir ihre Gesetze verwenden können, um die Entwicklungen sowohl rückwärtsgewandt in die Vergangenheit als auch vorwärtsgewandt in die Zukunft auszurechnen. Das gegenwärtig erfolgreiche kosmologische Modell des Universums ist ein Friedmann-Modell mit kosmologischer Konstante und kalter Dunkler Materie („ΛCDM-Kosmologie"). Wir können dieses Modell benutzen, um unsere langfristige kosmische Zukunft zu bestimmen. Danach ist die beschleunigte kosmische Expansion nicht mehr aufzuhalten und schreitet weiter voran. Das bedeutet, dass sämtliche Strahlung im Kosmos durch den Effekt der Rotverschiebung (Kapitel 3.5) immer langwelliger und damit niederenergetischer und dunkler wird. Der Kosmos kühlt immer mehr ab und wird immer dunkler. Durch die kosmische Ausdehnung des Raums werden die Abstände zwischen den Galaxien und Galaxienhaufen immer größer werden, bis sie schließlich in der Ferne im Dunkel verschwinden. Selbst die superschweren Schwarzen Löcher müssen irgendwann aufgrund ihres Massenverlustes durch die Abstrahlung von Hawking-Strahlung verdampfen (Astrophysik Aktuell: „Schwarze Löcher – Die dunklen Fallen der Raumzeit" von Andreas Müller). Es dauert zwar unglaublich lange, aber dennoch muss es irgendwann geschehen.

Klingt nicht nach besonders rosigen Aussichten. Und auch Sätze wie „Das Leben ist kein Ponyhof" werden keinen Trost spenden. Aber ist es nicht auch irgendwie beruhigend, dass nicht nur das Sonnensystem und die menschliche Existenz befristet sind, sondern selbst die Existenz des Universums?

Vielleicht strebt der Kosmos in der fernen Zukunft einem ähnlichen Zustand zu wie das Quantenvakuum zu Beginn? Das würde die Möglichkeit eröffnen, Anfang und Ende des Universums zyklisch aneinanderzukoppeln, sodass das ganze Spiel wieder von vorne losgeht. Da müsste man aber eine Erklärung dafür finden, was langfristig z. B. mit Sternüberresten wie Weißen Zwergen und Neutronensternen geschieht. Kühlen sie ab und zerfallen? Was geschieht mit den Neutrinos?

Und wie ist es dann mit der Entropie? Kann man so leicht von vorne starten, ohne den Zweiten Hauptsatz der Thermodynamik zu verletzen? Auch diesen Fragen werden wir uns in den letzten Kapiteln nähern.

Wir haben damit eine recht gute Vorstellung, wie das Universum entstand und wie es sich über Milliarden Jahre entwickelte. Das Verrückteste an dieser kosmischen Geschichte ist allerdings noch unerwähnt geblieben. Offenbar können wir nämlich die Puzzleteile zu einer lückenlosen, unglaublichen Geschichte zusammensetzen. Der beobachtete Makrokosmos hatte seinen Ursprung im Mikrokosmos. In der Abbildung 3.7.3 sind die Puzzleteile zusammengefügt.

Das erste Puzzleteil: Am Anfang war das Quantenvakuum, das fein verteilte Nichts. Zeitlich müssen wir diese frühste Phase, auch **Planck-Ära** genannt, bei der Planck-Zeit ansiedeln, demnach 10^{-43} Sekunden nach dem Urknall (Kapitel 5.1). Aus diesem Vakuumzu-

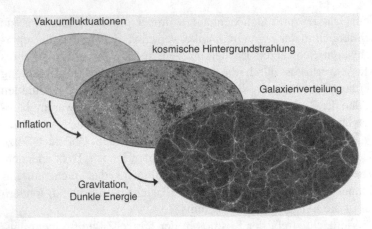

Abb. 3.7.3 Vom Mikro- zum Makrokosmos. © A. Müller; NASA/WMAP Science Team 2002 und Volker Springel et al., Millennium Run, Max-Planck-Institut für Astrophysik, 2005

stand entstanden wie skizziert Elementarteilchen, Kräfte, Hadronen, Atome und die ersten chemischen Elemente. Das zweite Puzzleteil: Die kosmische Hintergrundstrahlung machte sich knapp 400.000 Jahre nach dem Urknall auf den Weg. Sie wurde frei, als die ersten elektrisch neutralen Atome entstanden waren. Aus dem fein verteilten Material – Wasserstoff, Helium, aber auch Dunkle Materie – bildeten sich die erste Sterne und Galaxien. Das dritte Puzzleteil: Hier sehen wir dann die großräumige Struktur des entwickelten Universums, also die Verteilung von Galaxien und Galaxienhaufen. Diese riesige Struktur wird von der Dunklen Energie auseinandergetrieben. Es gibt gute Gründe, daran zu glauben, dass die kosmische Entwicklung sich so abgespielt hat. Ein Hammer ist dieser Beleg: Im primordialen Gas, das 400.000 Jahre nach dem Urknall existierte, breiteten sich Schallwellen aus. Es ist bekannt, wie schnell eine Schallwelle in diesem Material werden kann. Weiterhin ist bekannt, dass die Schallwelle nur eine bestimmte Zeit zur Verfügung hatte, um sich auszubreiten. Aus diesen beiden bekannten Größen lässt sich sofort ausrechnen, wie weit die Schallwelle im Urgas gekommen sein kann. Statistische Untersuchungen der Verteilung von Galaxien haben ergeben, dass dieser Maßstab, den die Schallwelle zurücklegte, noch immer in der Galaxienverteilung abgelesen werden kann! Quantitativ konnte derselbe Maßstab identifiziert werden. Das spricht für die Entwicklung von Puzzlestück 2 nach 3. Einen ebenso stichhaltigen Beleg für die Entwicklung von Puzzlestück 1 nach 2 gibt es noch nicht. Aber die Indizien (Kapitel 3.6) sprechen sehr dafür. Wenn diese Argumentationskette stimmt, müssen wir verblüfft konstatieren: Wir wurden im Quantenkosmos geboren.

3.8 Galileis absolute Zeit

Die im Alltag erlebte, unbeeinflussbare Zeit legte die Auffassung von einer absoluten oder universellen Zeit nahe, die in der klassischen Physik fest verankert ist. Mit dieser Vorstellung von der Zeit kommen wir im Alltag sehr gut zurecht. Die klassische Mechanik des 17. Jahrhunderts beschreibt mechanische Vorgänge des Alltags – z. B. rollende Kugeln, geworfene Gegenstände, fahrende Autos und Züge (Kapitel 2.4) – recht gut. Selbstverständlich ist für uns die Addition von Geschwindigkeiten. Nehmen wir an, dass ein geworfener Ball von einem statischen Werfer eine maximale Geschwindigkeit von 30 km/h erreicht. Steht der Werfer auf der Ladefläche eines fahrenden Transporters, der sich konstant und geradeaus mit 30 km/h bewegt, und wirft er den Ball in Fahrtrichtung, so addieren sich die Geschwindigkeiten von Ball und Transporter. Für einen statischen Beobachter, der sich vor dem Transporter befindet, fliegt der Ball daher mit 50 km/h + 30 km/h = 80 km/h auf ihn zu.

Das sind letztlich simple Gesetze der klassischen Mechanik. Der italienische Universalgelehrte Galileo Galilei machte sich schon früh Gedanken über diese Vorgänge; ihm war klar, dass die mechanischen Vorgänge in zwei Bezugssystemen gleich ablaufen, wenn sich die Bezugssysteme nur gleichförmig geradlinig gegeneinander

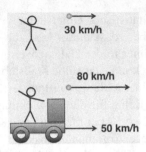

Abb. 3.8.1 Klassische Addition der Geschwindigkeiten. Geschwindigkeit eines geworfenen Balls von einem statischen Werfer im Vergleich zu einem identischen Wurf von der Ladefläche eines bewegten Transporters. © A. Müller

bewegen (vergleiche nachfolgenden Kasten „Bezugssystem, Inertialsystem, Relativitätsprinzip").

? Bezugssystem, Inertialsystem, Relativitätsprinzip

Mit Bezugssystem bezeichnen die Physiker eine Perspektive, von der aus ein physikalisches Phänomen beschrieben wird. Wenn wir beispielsweise einen Ort oder eine Geschwindigkeit angeben, so tun wir das immer in Bezug auf etwas. Es sind also relative Größen. Wenn wir in einem Bus mitfahren, so sind wir relativ zu den anderen Fahrgästen in Ruhe. Relativ zu Leuten an der Bushaltestelle bewegen wir uns jedoch. Unter allen Bezugssystemen, die man sich denken kann, gibt es ein paar besonders ausgezeichnete: die **Inertialsysteme** (lat. *inert*: träge, untätig). Sie sind so definiert, dass sich im Inertialsystem ein kräftefreier Körper gleichförmig geradlinig, also geradeaus mit konstanter Geschwindigkeit bewegt. Gegenstände in einem Bus, der sich auf diese Art bewegt, bewegen sich kräftefrei. Deshalb können wir in einem solchen Bus oder Zug ohne Weiteres eine Tasse Kaffee eingießen, ohne etwas zu verschütten. Beschleunigt oder bremst der Bus bzw. Zug, dann sind sie keine Inertialsysteme mehr, vielmehr wirken **Trägheitskräfte**, weil die Gegenstände versuchen, ihren Bewegungszustand beizubehalten. Dann fällt das Eingießen von Kaffee deutlich schwerer. ▶

▶ Ein besonderes Inertialsystem ist das **Ruhesystem**. In ihm befinden sich Gegenstände relativ zum Beobachter in Ruhe. Das Ruhesystem heißt manchmal auch **mitbewegtes System**.

Das **Relativitätsprinzip** besagt, dass alle gleichförmig geradlinig bewegten Systeme oder Beobachter inertial sind, d. h., sie werden bei ihren Beobachtungen eine identische Physik messen. Insbesondere kann ein inertialer Beobachter nicht entscheiden, ob er sich relativ in Ruhe befindet oder geradlinig gleichförmig bewegt. Vergleiche auch die bekannte Situation an Bahnhöfen, wenn zwei Züge in entgegengesetzte Richtungen anfahren und man nur auf den Zug schaut: „Fahren die oder wir?"

Rotierende Bezugssysteme, wie ein Karussell oder die Erde, sind keine Inertialsysteme. In diesen Nicht-Inertialsystemen treten Trägheitskräfte auf, die für einen inertialen Beobachter die Geradlinigkeit der Bewegung gewährleisten. Der nichtinertiale Beobachter hingegen, der mit dem Nicht-Inertialsystem rotiert, ist völlig den Trägheitskräften ausgeliefert, z. B. der Zentrifugalkraft oder der Corioliskraft. Solche Kräfte drücken uns bei der Karussellfahrt in die Sitze oder aus ihnen heraus.

Das ist das **Relativitätsprinzip**, eine wichtige Zutat zu Einsteins Spezieller Relativitätstheorie, die knapp 300 Jahre nach Galilei begründet wurde. Galilei veröffentlichte das Relativitätsprinzip 1638 in den „Unterredungen" (*„Discorsi"*). Die zugehörigen Gleichungen sind bis heute als **Galilei-Transformation** bekannt. Diese Gleichungen beschreiben, wie sich die drei Ortskoordinaten und die Zeitkoordinate eines Ereignisses ändern, wenn man von einem ruhenden Bezugssystem in ein relativ dazu gleichförmig geradlinig bewegtes Bezugssystem wechselt. Als anschauliches Beispiel für zwei solche Systeme betrachten wir einen Bus und eine Bushaltestelle. Sie mögen sich relativ zueinander gleichförmig geradlinig bewegen. Will man einen mechanischen Vorgang im Bus – z. B. einen fallenden Gegenstand – physikalisch beschreiben, so kann man das auch von der Bushaltestelle aus tun. Dann muss man aber die Orts- und Zeitkoordinaten in der Art umwandeln, wie es die Galilei-Transformation vorschreibt. Die Zeit transformiert sich dabei von einem in das andere System unverändert – so wie es die Alltagserfahrung nahe legt. Die Galilei-Transformation basiert auf einer absoluten Zeit. In der Folgezeit, vor allem in Newtons Physik, wurde Galileis Konzept der absoluten Zeit übernommen. Die Gesetze der klassischen Mechanik (Kapitel 2.4) bleiben unverändert, wenn man sie einer Galilei-Transformation unterzieht. Aus dieser Eigenschaft, die Physiker Symmetrie oder Invarianz nennen, folgen die Erhaltungssätze der klassischen Mechanik für Energie, Impuls und Drehimpuls. Übrigens fand die Mathematikerin und Physikerin Emmy Noether (1882–1935) einen allgemeinen Zusammenhang, dass jede Symmetrie mit einer Erhaltungsgröße (Konstanten) zusammenhängt – das sogenannte **Noether-Theorem**. Mit der modernen Physik der letzten 150 Jahre wurde klar, dass das Konzept der absoluten Zeit aufgegeben werden muss. Zu dieser Einsicht werden wir im nächsten Kapitel kommen.

Kapitel 4

Die Raumzeit

4.1 Licht und die Spezielle Relativitätstheorie

Den Durchbruch in unserem Verständnis von Raum und Zeit verdanken wir Albert Einstein (1879–1955). Aus heutiger Sicht muss man sagen, dass zum Ende des 19. Jahrhunderts die Zeit reif war für ein neues Verständnis von Raum und Zeit. Einsteins Entdeckung wurde durch eine Reihe von experimentellen und theoretischen Arbeiten angeregt. Einige andere Mathematiker und Physiker waren im Wettlauf um eine neue Physik Einstein dicht auf den Fersen. Im Jahr 1905, Einsteins „Wunderjahr", in dem er viele wegweisende Arbeiten publizierte, war auch das Jahr, in dem er das Papier „Von der Elektrodynamik bewegter Körper" in den „Annalen der Physik" veröffentlichte. Gerade dieses Papier legte den Grundstein zu einer neuen physikalischen Theorie, die Einstein begründete: die **Spezielle Relativitätstheorie**. Diese Theorie konnte u. a. Experimente erklären, die mit Licht gemacht wurden.

So hatten die Physiker damals die Vorstellung, dass sich Licht ähnlich wie Schall ausbreite. Schall benötigt ein Medium, das die Schallwelle überträgt, z. B. Luft, Wasser oder feste Materie. Der Schall bewegt sich dabei in diesen Medien unterschiedlich schnell. Ohne ein solches Medium, im Vakuum, breitet sich kein Schall aus. Für Licht war es nahe liegend, ebenfalls die Existenz eines Mediums zu fordern, in dem sich Licht ausbreitet. Diese Substanz nannte

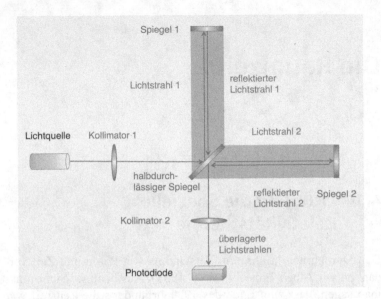

Abb. 4.1.1 Strahlengang im Michelson-Interferometer. © A. Müller

man Weltäther, weil es ein stark ausgedünntes, schwer nachweisbares Medium sein sollte, das das gesamte Universum ausfülle. Also machten sich die Physiker auf die Suche nach dem Weltäther. So auch in den berühmt gewordenen Michelson-Morley-Experimenten, die in den 1880er-Jahren durchgeführt wurden – seinerzeit war Einstein ein kleiner Junge. In dem Experiment kam ein präzises, optisches Messinstrument zum Einsatz: das Michelson-Interferometer.

Es handelt sich dabei um einer Anordnung aus vollständig und teilweise reflektierenden Spiegeln, die das Licht einer Quelle aufteilen, auf verschiedene Wege schicken und wieder zusammenführen. Beim Zusammenführen tritt die sogenannte Interferenz auf, ein Phänomen, bei dem sich Lichtwellen überlagern und dabei auslöschen oder verstärken können. Das Interferenzmuster besteht dann entsprechend aus hellen und dunklen Bereichen. Im Michelson-Interferometer breitet sich das Licht mal waagerecht und mal senkrecht entlang der Interferometerarme aus. Sollte es ein Lichtmedium geben, so ist zu erwarten, dass dieser Äther von der Erddrehung unterschiedlich stark mal auf dem einen Lichtweg und mal senkrecht dazu mitbewegt würde. Dann sollte auch die Lichtgeschwindigkeit für die unterschiedlichen Lichtwege variieren. Genau das ließe sich in diesem Interferenzexperiment nachweisen. Zur Verblüffung der Experimentatoren gab es allerdings keinerlei Unterschiede bei der Lichtgeschwindigkeit – ganz egal, auf welchem Interferometerarm sich das Licht ausbreitete. Das war seinerzeit ein großes Mysterium, das Einsteins revolutionäre Theorie elegant erklären konnte. Seine Forderung war, dass die Vakuumlichtgeschwindigkeit eine Naturkonstante sei, die unabhängig von der Bewegung der Lichtquelle sei.

Um sich die Tragweite dieses Ansatzes klarzumachen, kommen wir noch einmal auf den geworfenen Ball aus Kapitel 3.8 zurück. Wie beschrieben, addieren sich die Geschwindigkeiten des Balles und des Werfers in Bezug zu einem Beobachter, der relativ zum Werfer zu sehen ist. Entscheidend ist diese **Relativgeschwindigkeit**. Für Relativgeschwindigkeiten, die viel kleiner sind gegenüber der Vakuumlichtgeschwindigkeit, gilt die bereits bekannte Galilei-Transformation, die bestens vereinbar ist mit unseren Alltagserfahrungen. Kommt die Relativgeschwindigkeit in den Bereich der Vakuumlichtgeschwindigkeit, dann müssen neu gefundene Gleichungen verwendet werden. Sie sind bekannt unter dem Namen **Lorentz-Transformation**.

Wie es sich gehört, gehen diese neuen Gesetze im Grenzfall kleiner Relativgeschwindigkeiten in den klassischen Fall über. Was bedeutet dies nun für Licht? Licht verhält sich offenbar vollkommen anders als ein geworfener Ball. Montiert man eine Taschenlampe auf einem Zug, so bewegt sich der Lichtstrahl für einen ruhenden Beobachter am Gleis nicht mit der Lichtgeschwindigkeit plus der Zuggeschwindigkeit, sondern immer noch nur mit exakt der Lichtgeschwindigkeit – also vollkommen anders, als wir es klassisch erwarten würden! Das klassische Gesetz für die Addition von Geschwindigkeiten wird bei sehr hohen Geschwindigkeiten verändert und entspricht nicht mehr dem klassischen Galilei'schen Fall.

Es lohnt sich, einen genauen Blick auf die Struktur der Gleichungen in der Lorentz-Transformation zu werfen. Ein Aspekt fällt auf und hat eine umwälzende Bedeutung für unsere Sicht auf die Welt: Die Zeit verändert sich, wenn man von einem System in das dazu relativ bewegte wechselt. Mit anderen Worten ist die Zeit nicht mehr absolut, sondern relativ, d. h. abhängig vom Bezugssystem. Genau das offenbart die Verknüpfung von Raum und Zeit zur Raumzeit. Es macht keinen Sinn, in der Relativitätstheorie die räumlichen und zeitlichen Koordinaten voneinander entkoppelt zu betrachten. Wir leben in einem vierdimensionalen Raum-Zeit-Kontinuum, kurz: der Raumzeit. Das deutet sich hier schon an.

In diesem Zusammenhang sei darauf hingewiesen, dass die Aussage „Alles ist relativ." keine zutreffende Kurzbeschreibung für Einsteins Relativitätstheorie ist. Zeit und Raum sind relativ, aber die Lichtgeschwindigkeit ist absolut, weil die Lichtgeschwindigkeit in allen Bezugssystemen die Gleiche ist.

Der Zahlenwert für die Lichtgeschwindigkeit im Vakuum beträgt knapp 300.000 Kilometer pro Sekunde. Die Lichtgeschwindigkeit ist eine Naturkonstante, die mit dem Buchstaben c abgekürzt wird (c nach lat. *celeritas*: Schnelligkeit).

Die Entdeckung, dass die Lichtgeschwindigkeit endlich ist, verdanken wir dem dänischen Astronomen Ole Römer. Bis ins 17. Jahrhundert war nicht klar, ob sich Licht unendlich schnell ausbreitet oder dafür eine gewisse Zeit benötigt. Römer machte die verblüffende Entdeckung, dass sich aufgrund der Lichtlaufzeitverzögerung die Verfinsterung des Jupitermonds Io von der Erde aus gesehen mal früher und mal später ereignete – je nachdem, ob sich die Erde gerade auf das Jupiter-Io-System zu oder weg bewegt. Im Jahr 1676 publizierte Römer diese weitreichende Erklärung. Es war dann der niederländische Astronom und Physiker Christiaan Huygens, der mithilfe Römers Zeitangaben den Zahlenwert der Lichtgeschwindigkeit selbst größenordnungsmäßig richtig zu einigen 100.000 Kilometern pro Sekunde bestimmte. In der Tat ist das eine beeindruckend große Zahl.

Die Lichtgeschwindigkeit ist das universelle Tempolimit in der Natur und die größte Geschwindigkeit, mit der Information übertragen werden kann. Sie kann nicht überschritten werden. Einsteins Relativitätstheorie verbietet allerdings nicht, dass sich etwas von vornherein schneller als mit c bewegt. Teilchen, die das können, werden Tachyonen (gr. *tachys*: schnell) genannt. Sie wurden bislang nicht beobachtet. Allerdings gab es Ende 2011 einige Aufregung in Wissenschaft und Medien, weil sich Neutrinos vom CERN zum Gran-Sasso-Laboratorium „tachyonisch bewegt" haben sollen. Mittlerweile ist klar, dass es sich um einen Messfehler handelte, denn ein weiteres Experiment konnte die überlichtschnellen Neutrinos nicht bestätigen. Das Beispiel belegt sehr schön die Vorläufigkeit wissenschaftlichen Wissens und dass nur ein einziges Experiment die Grundfesten der Physik zu erschüttern vermag.

Neben den Tachyonen gibt es (nach dem US-amerikanischen Physiker Gerald Feinberg) übrigens zwei weitere Geschwindigkeitsklassen, die relativ zur Lichtgeschwindigkeit definiert wurden: Die Luxonen bewegen sich genauso schnell wie das Licht, und die Tardyonen sind langsamer als das Licht.

Die Lichtgeschwindigkeit hängt auch vom optischen Medium ab, in dem sich das Licht ausbreitet. Die Lichtgeschwindigkeit wird dann auch Phasengeschwindigkeit genannt und nimmt mit der optischen Dichte ab. So wird ein Lichtstrahl, der von optisch dünner Luft in optisch dichtes Glas eintritt, langsamer – ein Vorgang, mit dem Brechung in der Optik erklärt werden kann. Diese Veränderlichkeit der Lichtgeschwindigkeit mit dem optischen Medium ist streng von den Effekten der Relativitätstheorie zu trennen.

4.2 Minkowskis flache, vierdimensionale Welt

Der deutsche Mathematiker und Physiker Hermann Minkowski (1864–1909) gilt als Schöpfer der vierdimensionalen Raumzeit. Einstein hatte die drei Raumdimensionen und die eine Zeitdimension 1905 noch separat notiert. Minkowski war es, der um 1907 die kompakte mathematische Schreibweise mit Vierervektoren in die Relativitätstheorie einführte. Mittlerweile ist diese Notation derjenige Standard, der jedem Physikstudenten und angehenden Relativitätstheoretiker gelehrt wird. Albert Einstein soll Minkowskis Schreibweise zunächst abgelehnt haben, hatte sie aber später bei der Entwicklung der Allgemeinen Relativitätstheorie übernommen. Witzig ist auch die Anekdote, dass Minkowski Einsteins Mathematiklehrer am Polytechnikum Zürich war. Einsteins Leistungen im Fach Mathematik waren unter Minkowski offenbar miserabel. Umso erstaunter war Minkowski, als er erfuhr, dass sein ehemaliger Student Einstein die Relativitätstheorie erfunden hatte: *„Das hätte ich dem Einstein eigentlich nicht zugetraut."* (aus der Einstein-Biografie von Thomas Bührke, S. 59).

In Kapitel 2.2 hatten wir als Beispiel das Zimmer besprochen, ein dreidimensionaler Raum, der von den drei Raumdimensionen aufgespannt wird. Dabei kann man sich eine willkürliche Ecke des Zimmers als Nullpunkt wählen. Aus der Ecke gehen drei Halbgeraden entlang der drei Raumrichtungen Länge, Breite und Höhe heraus. Bei der vierdimensionalen Raumzeit kommt nun die Zeit als vierte Dimension dazu. Auch sie kann man sich so vorstellen, dass die vier Dimensionen – Länge, Breite, Höhe und Zeit – die Raumzeit aufspannen. Ganz anschaulich ist das nicht wirklich; aber das kann es werden, wenn man ein, zwei Dimensionen unter den Tisch fallen lässt und Raum-Zeit-Diagramme zeichnet mit nur einer Raum- und einer Zeitdimension beispielsweise.

Nun wird die Raumzeit im Allgemeinen gekrümmt sein, d. h., jedem Punkt in der zweidimensionalen Raumzeit, der durch zwei Zahlen – Länge und Breite – festlegt ist, könnte eine weitere Zahl namens Krümmung zugeordnet sein, die im Prinzip beliebig ist. Interessanterweise ist die Raumzeit der Speziellen Relativitätstheorie flach, d. h., die Krümmung ist nicht beliebig, sondern null. Die Raumzeit weist keinerlei Krümmungen auf. Mathematisch lässt sich diese flache Raumzeit verhältnismäßig unkompliziert beschreiben. Das Gebilde heißt Minkowski-Metrik und wurde nach Hermann

Minkowski benannt. Eine Metrik ist ein mathematisches Objekt, um eine Raumzeit zu beschreiben. Für konkrete Rechnungen in bestimmten Raumzeiten hängt die Metrik von geeignet gewählten Koordinaten ab, Koordinaten t, x, y, z, wie wir sie in Kapitel 2.2 eingeführt haben. Das Besondere an der Minkowski-Metrik ist gerade, dass sie nicht mit diesen Koordinaten variiert, sondern nur von konstanten Zahlen abhängt. Genau deshalb ist sie flach.

? Metrik, Krümmung und Geodäten

Das Neue an der Allgemeinen Relativitätstheorie (ART) von Albert Einstein ist, dass die Gravitation nicht mehr als Kraft angesehen wird, sondern als ein rein geometrisches Phänomen. Daher muss man sich in der ART den Methoden der Differenzialgeometrie bedienen. Raum und Zeit werden zu einem vierdimensionalen Gebilde namens Raumzeit zusammengefasst. Vereinfacht kann man sich darunter eine gummiartige Fläche vorstellen, die im Allgemeinen Berge und Täler aufweisen kann. Diese Dellen bilden sich dort, wo sich Massen – oder allgemein gesagt – Energieformen befinden. Sie sind Quellen der Gravitation.

In der Differenzialgeometrie gibt es einen ganzen Formelapparat, den sich Einstein mit der Hilfe von Marcel Grossmann und anderen aneignen musste. Seine Leistung bestand vor allem darin, geeignete differenzialgeometrische Größen zu finden, die er physikalisch interpretieren konnte. Diese Größen sind in der Regel Tensoren, wie der metrische Tensor, der Energie-Impuls-Tensor, der Riemann'sche Krümmungstensor und der Einstein-Tensor. Sie gehen alle in die fundamentale Differenzialgleichung der ART ein, die Einstein'sche Feldgleichung der ART oder kurz Einstein-Gleichung genannt wird. In ihr wird vor allem die Masse (aber auch andere Energieformen) mit den Krümmungen einer Raumzeit verknüpft. So wird die Gravitation bei Einstein geometrisiert.

Eine fundamentale Größe ist der metrische Tensor, kurz Metrik genannt, der eine Raumzeit festlegt. In ihm steckt drin, wo die Raumzeit Krümmungen – gewissermaßen Berge und Täler – aufweist. Um das rechnerisch auswerten zu können, müssen partielle Ableitungen nach den Koordinaten gebildet werden, z. B. um die sogenannten Christoffel-Symbole auszurechnen. Nach den Rechenregeln der ART ist das der erste Rechenschritt. Weitere partielle Ableitungen der ▶

▶ Christoffel-Symbole führen dann auf den Riemann'schen Krümmungstensor. Er muss wiederum entsprechend mathematisch bearbeitet werden, um den Einstein-Tensor zu erhalten – er macht die linke Seite der Einstein-Gleichung aus. Die rechte Seite steht für Masse und Energie. Im einfachsten Fall ist die rechte Seite null, weil eine Abwesenheit von Masse und Energie – also ein Vakuum – vorliegt. Komplizierter wird es, wenn es eine ausgedehnte Masse gibt, z. B. eine Flüssigkeitskugel. Dies muss dann entsprechend beschrieben und als rechte Seite eingesetzt werden.

Liegt eine Metrik vor, die ja eine Lösung der Einstein-Gleichung darstellt, so kann man z. B. mit den Methoden der ART ausrechnen, wie eine Teilchenbahn oder ein Lichtstrahl sich durch diese im Allgemeinen gekrümmte Raumzeit (z. B. diejenige eines Schwarzen Loches) bewegen muss. Dazu löst man die sogenannte Geodätengleichung. Rechnet man gleich eine ganze Schar von Geodäten aus, so kann man betrachten, wie sich ein Bündel von Teilchenbahnen in der Raumzeit geodätisch – d. h. kräftefrei, sozusagen im freien Fall – bewegt. Auf diese Weise kann man z. B. ausrechnen, wie Materie oder Licht in ein Schwarzes Loch hineinstürzen.

4.3   Einsteins neue Gravitation: Allgemeine Relativitätstheorie

Ganz anders wird das in der Allgemeinen Relativitätstheorie, einer Theorie, die Albert Einstein 1915 veröffentlichte. Es handelt sich dabei um Einsteins bedeutendstes Werk, sein größtes Vermächtnis für die Physiker, Astronomen und auch den Rest der Menschheit. Die Allgemeine Relativitätstheorie ist eine neue Gravitationstheorie, die Newtons Gravitation des 17. Jahrhunderts vor hundert Jahren ablöste. Einsteins Allgemeine Relativitätstheorie ist die Verallgemeinerung der Speziellen Relativitätstheorie. Dabei musste verallgemeinert werden, wie sich relativ zueinander bewegte Bezugssysteme bewegen. Bewegten sie sich in der Speziellen Relativitätstheorie noch gleichförmig und geradlinig zueinander, so konnten sie sich in der Allgemeinen Relativitätstheorie zueinander beschleunigt bewegen.

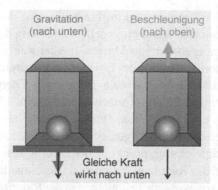

Abb. 4.3.1 Schwere (links) und träge Masse (rechts) sind äquivalent. © A. Müller

Beschleunigungen treten z. B. bei fallenden Gegenständen auf. Schon Galilei beobachtete, dass alle Körper (im Vakuum) gleich schnell im Schwerefeld der Erde fallen und entsprechend die gleiche Fallbeschleunigung erfahren – unabhängig von ihrer Masse. D. h., im Vakuum fällt eine Feder exakt genauso schnell wie eine Metallkugel. Dieses Experiment lässt sich leicht mit einer evakuierten Röhre, in der sich diese beiden Gegenstände befinden, bestätigen. Einstein erkannte, dass es in einem abgeschlossenen Kasten unmöglich ist, mit einem Experiment zu entscheiden, ob der Kasten gerade in einem Schwerefeld ruht oder ob der Kasten gleichmäßig nach oben beschleunigt wird. In beiden Fällen haben wir das gleiche Resultat, dass die Person oder eine andere Testmasse im Kasten „am Boden klebt".

Diese Ununterscheidbarkeit – oder man könnte auch sagen Symmetrie – wird **Einstein'sches Äquivalenzprinzip** genannt. Anders gesagt, sind schwere und träge Masse nicht unterscheidbar. Das Äquivalenzprinzip ist eine der wesentlichen Grundvoraussetzungen der Relativitätstheorie. Bislang wird es sehr präzise in Experimenten bestätigt.

Im Unterschied zur Speziellen Relativitätstheorie sind die Raumzeiten der Allgemeinen Relativitätstheorie gekrümmt. Um beim

Beispiel mit der Zimmerwand zu bleiben, ist in der Allgemeinen Relativitätstheorie die Wand eingedellt (Abbildung 4.6.1). Die Dellen werden hervorgerufen von Massen, die die Raumzeit krümmen. Nach der weltberühmten Formel $E = mc^2$ sind Energien und Massen äquivalent, sodass ganz allgemein gesprochen Energieformen die Raumzeit krümmen. Energieformen können sein: elektromagnetische Strahlung, eine Flüssigkeit, Dunkle Materie, aber auch Druck. Die zentrale Gleichung der Allgemeinen Relativitätstheorie, die **Einstein'sche Feldgleichung**, drückt nichts anderes aus, als dass Energie und Masse die Raumzeit krümmen. Die eingedellte Raumzeit gibt dann auch vor, wie sich Testteilchen in der Raumzeit zu bewegen haben. Sie müssen der Krümmung folgen. Das ist eine vollkommen neue Sichtweise auf die Physik der Gravitation: Gravitation ist nicht mehr eine Schwerkraft, die zwischen Massen wirkt, sondern Gravitation ist eine geometrische Eigenschaft der gekrümmten Raumzeit. Eine Testmasse fällt nicht im Schwerefeld der Erde, weil sie angezogen wird, sondern weil die Erdmasse die Raumzeit só krümmt, dass die Testmasse der verbogenen Raumzeit folgen muss.

Die Einstein'sche Feldgleichung sieht in ihrer kompakten Schreibweise harmlos aus. Das täuscht, denn es ist ein Satz von zehn gekoppelten, partiellen und nichtlinearen Differenzialgleichungen. Solche Ungetüme sind grundsätzlich nicht vollständig lösbar, d. h., jederzeit können neue Lösungen mit neuen Eigenschaften gefunden werden. Historisch war es auch so, dass immer wieder spezielle Lösungen gefunden wurden. Gleich 1916 publizierte Karl Schwarzschild eine Lösung, die die kugelsymmetrische Raumzeit von Punktmassen beschreibt. Sie kann auch zur relativistischen Beschreibung der Raumzeit der Sonne oder der Erde sowie von nicht rotierenden, elektrisch neutralen Schwarzen Löchern herangezogen werden. Dann folgten Lösungen, die sogar die Raumzeit des ganzen Universums beschreiben und damit vor allem wesentlich für die Kosmologie waren.

Zur Beschreibung der Krümmung von Raumzeiten konnten Elemente und Sätze der Differenzialgeometrie und nichteuklidischen

Geometrie verwendet werden. Diese Mathematik wurde vor allem durch die deutschen Mathematiker Carl Friedrich Gauß (1777–1855) und Bernhard Riemann (1826–1866) im 19. Jahrhundert entwickelt. Albert Einstein musste sich mit dieser Mathematik auseinandersetzen und fand große Hilfe bei seinem Freund, dem Mathematiker Marcel Grossmann (1878–1936).

Wenn man die Mathematik nicht vertiefen möchte, sondern nach einer anschaulichen Analogie sucht, so kann man sich eine gekrümmte Raumzeit vorstellen wie ein zerklüftetes Gebirge. In der Darstellung von Krümmung gibt es geeignete Größen in der Mathematik, um die Krümmung in jedem Punkt auszurechnen. Sie heißen Krümmungsskalare. Die Bezeichnung „Skalar" kommt aus der Mathematik und weist darauf hin, dass diese Größe nur einen Betrag, aber keine Richtung hat. Das ist wie bei einer Temperaturverteilung in einem Zimmer: Jeder Punkt im Zimmer hat seine bestimmte Temperatur, wobei die Temperatur ein Skalar ist und nur einen Betrag, aber keine Richtung hat. Ein zerklüftetes Gebirge ist eine ähnliche Zuordnung: Die Höhe des Gebirges ist ein Skalar, und jedem Punkt im Gebirge wird eine bestimmte Höhe zugeordnet. Man kann die Analogie zum Gebirge noch weitertreiben, und zwar erscheinen viele kleine Details in der Zerklüftung, wenn man aus der Nähe auf das Gebirge schaut. Entfernt man sich hingegen vom Gebirge, dann verschwinden viele Details, und man erkennt nur noch das grobe Auf und Ab in Gestalt der markanten Berge und Täler. Genauso verhält es sich, wenn man in der Kosmologie die Raumzeit des Universums diskutiert (Kapitel 4.8). Bei der Beschreibung des Kosmos sind die vielen Details im „Krümmungsgebirge" – ein paar einzelne Neutronensterne hier, ein paar verstreute Schwarze Löcher da – unwichtig. Es kommt nur auf die globalen Eigenschaften auf der ganzen großen Längenskala an. Deshalb braucht man die lokale Krümmung der Raumzeit, hervorgerufen durch einzelne Massen, bei der Beschreibung des Universums nicht berücksichtigen.

? **Was ist Lorentzinvarianz?**

Wir haben die Lorentz-Transformation in der Speziellen Relativitätstheorie kennengelernt (Kapitel 4.1). Sie vermittelt die Änderung physikalischer Größen, wenn man von einem Bezugssystem (Kapitel 3.8) in ein anderes wechselt. Eine Größe, die sich bei einer Lorentz-Transformation nicht ändert, heißt invariant unter Lorentz-Transformationen, oder kurz **lorentzinvariant**. Diese Lorentzinvarianz gilt in der Speziellen Relativitätstheorie global, d. h., in jedem Punkt der flachen Raumzeit nimmt die lorentzinvariante Größe denselben Wert an. In der Allgemeinen Relativitätstheorie gilt das nur noch lokal, also in einem Punkt und dessen unmittelbarer Umgebung. Macht man die Umgebung in einer beliebig gekrümmten Raumzeit nur genügend klein, so lässt sich die Raumzeit dort durch eine flache Raumzeit annähern. Die oben genannten Krümmungsskalare (sogar alle Skalare!) sind lorentzinvariant. Das ist eine äußerst wichtige und vor allem praktische Eigenschaft, weil man sich sicher sein kann, dass die Krümmung, einmal berechnet, so als zuverlässige Information, z. B. unabhängig von der Koordinatenwahl, gelten darf. Die Lorentzinvarianz ist mathematisch betrachtet eine Symmetrie, die als solche mit der Lorentz-Gruppe zusammenhängt. Sie enthält als Sonderfall, nämlich bei kleinen Relativgeschwindigkeiten, die entsprechende Gruppe der Galilei-Transformationen, die sogenannte Galilei-Gruppe.

Die Beschreibung der Bewegung von Objekten – in der Physik spricht man von Testmassen – ist in der Relativitätstheorie ganz besonders wichtig und verallgemeinert die Bewegungsgesetze der klassischen, nichtrelativistischen Mechanik. Letztendlich geht es darum zu berechnen, wie sich die Testmassen in einer gekrümmten Raumzeit bewegen. Dabei ist es wichtig zu erwähnen, dass diese Testmasse als klein angenommen wird, sonst würde sie selbst als Quelle für eine gekrümmte Raumzeit fungieren und eine zusätzliche Delle erzeugen. Die Bahnen, entlang derer sich die Testmassen bewegen, heißen **Geodäten**. Sie sind gewissermaßen die kürzeste Verbindung zwischen zwei Punkten in einer Raumzeit. Dass das nicht immer eine Gerade sein muss, illustriert das Beispiel eines Globus (Abbildungen 2.2.3 und 2.2.4). In Kapitel 2.2 hatten wir geografische Länge und Breite kennengelernt. Sie liegen auf Großkreisen, Kreise, die alle durch die geografischen Pole im Norden und im Süden verlaufen.

Die kürzeste Verbindung zwischen diesen Polen ist gerade einer der (im Prinzip unendlich vielen) Großkreise – keine Gerade, denn wir haben es hier beim Globus mit einer gewölbten, nichteuklidischen Oberfläche zu tun. Genauso verhält es sich mit den im Allgemeinen nichteuklidischen Raumzeiten der Relativitätstheorie. Mathematisch kann man die Geodäten ausrechnen, falls die vorgegebene Metrik bekannt ist. Die Theoretiker formulieren daraus die Geodätengleichung, eine Differenzialgleichung, aus der die Geodäten folgen. Dabei muss unterschieden werden zwischen Bahnen von Masseteilchen (sogenannte zeitartige Geodäten), den Wegen von Lichtteilchen (sogenannte Nullgeodäten) und Bahnen von Tachyonen (Kapitel 4.1), also hypothetischen Teilchen, die schneller sind als das Licht und die das Kausalitätsprinzip verletzen (sogenannte raumartige Geodäten). Auf ein konkretes Geodäten-Problem werden wir in Kapitel 4.5 kommen, wenn es um die Lichtablenkung durch Massen geht.

Bis heute ist Einsteins Allgemeine Relativitätstheorie das Beste, was wir haben, um die Gravitation zu beschreiben. In vielen Experimenten haben sich die Vorhersagen dieser Theorie glänzend und sehr präzise bestätigt.

4.4 Zeit und Länge sind relativ

Was sind die Konsequenzen aus Einsteins Relativitätstheorien? Nun, die Erkenntnisse sind revolutionär und ungewöhnlich – bis heute, obwohl die Theorie nun schon hundert Jahre alt ist. Einsteins Theorie sagt voraus, dass Zeit und Länge relativ sind, d. h. vom Bezugssystem abhängen.

Jeder von uns hat seine ganz persönliche Zeit, und zwar in dem Sinne, dass eine Uhr ganz anders tickt als eine andere. Die Spezielle Relativitätstheorie besagt, dass die Bewegung dabei die entscheidende Rolle spielt: Eine bewegte Uhr tickt langsamer als eine Uhr in Ruhe. Eine Uhr, die im Bus mitfährt, tickt anders als eine Uhr, die an der Haltestelle bleibt. Das ist die sogenannte speziell relativistische

Zeitdehnung (**Zeitdilatation**). In dem separaten Kasten „Wie stark dehnt sich die Zeit beim Busfahren?" werden wir ein paar konkrete Zahlenbeispiele sehen, um welche Dauer die Zeit gedehnt wird, je nachdem, wie groß die Geschwindigkeitsunterschiede (die Relativgeschwindigkeit) sind.

? Wie stark dehnt sich die Zeit beim Busfahren?

Die Spezielle Relativitätstheorie sagt voraus, dass das Verstreichen von Zeit von der Geschwindigkeit abhängt. Tatsächlich wurde das mit den extrem genauen Atomuhren experimentell nachgewiesen. Wir wollen nun ein Gefühl für die Stärke dieses Effekts mit konkreten Zahlenbeispielen entwickeln. Dazu synchronisieren wir zuvor zwei Uhren, sodass sie identisch ticken. Die eine Uhr fährt dann in einem Bus mit, die andere bleibt an der Haltestelle. Danach vergleichen wir die beiden Uhren. Beide Uhren werden dann eine gemessene Zeitspanne anzeigen. Gemäß Einsteins Theorie sind die Zeitspannen um einen Faktor verschieden. Diese Zahl heißt Lorentz-Faktor und ist in der Speziellen Relativitätstheorie nur von der Relativgeschwindigkeit zwischen Bus und Haltestelle abhängig. Nehmen wir an, der Bus fährt geradlinig gleichförmig mit 50 km/h an der Haltestelle vorbei. Dann ist auch die Relativgeschwindigkeit genau 50 km/h. Um daraus den Lorentz-Faktor zu bestimmen, teilen wir die 50 km/h durch die Vakuumlichtgeschwindigkeit, also knapp 300.000 km/s oder 1,08 Milliarden km/h. Diese winzige, jetzt dimensionslose Zahl multiplizieren wir mit sich selbst und ziehen sie von der Zahl 1 ab. Aus dem Ergebnis ziehen wir die Wurzel und bilden den Kehrwert. Wenn wir das erledigt haben, haben wir die Zahl ausgerechnet, um den der die Zeit infolge der Bewegung gedehnt wird: den Lorentz-Faktor. Diese Zahl liegt für das Beispiel Bus-Haltestelle und den 50 km/h sehr nahe bei der Zahl 1. Mit anderen Worten: Die Zeit wird kaum gedehnt. Der Bus ist einfach zu langsam.

Nehmen wir an, der Bus würde 100 Jahre lang in die eine Richtung geradeaus fahren, und wir vergleichen dann die Uhren, so weichen sie nur um knapp vier Mikrosekunden, also vier millionstel Sekunden voneinander ab! Zum Vergleich: Der Blitz eines normalen Fotoapparats dauert ungefähr eine Millisekunde, also 250-mal länger.

Bewegen wir uns also etwas schneller und nehmen mal das Schnellste, was Menschenhand bislang gebaut hat. Das sind die Voyager-Sonden, die 1977 gestartet wurden. Die Sonde Voyager 1 ist übrigens auch das am weitesten entfernte Objekt, das von Menschen ins All geschossen wurde. ▶

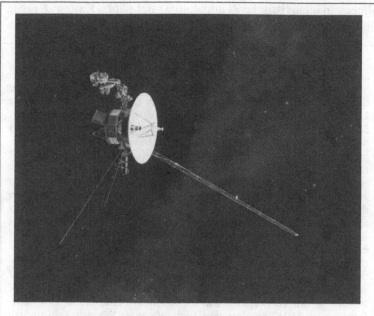

Abb. 4.4.1 Skizze der NASA-Sonde Voyager 1. © JPL/NASA.

▶ 2012 befand sie sich in einer Entfernung von 17 Lichtstunden. Das entspricht ungefähr 18 Milliarden Kilometern und ist so weit entfernt, dass dort der Einfluss der Sonne kaum noch messbar ist (sogenannte Heliopause). Voyager 1 verlässt gerade unser Sonnensystem. Nun müssen wir nur ausrechnen, wie schnell sie durchschnittlich ist: 17 Lichtstunden in 35 Jahren, das sind etwa 60.000 km/h! Nehmen wir an, Voyager fliegt 100 Jahre lang mit dieser Geschwindigkeit nur geradeaus, und wir könnten die Voyager-Uhr mit einer auf der Erde vergleichen, so würden wir einen Gangunterschied von nur knapp fünf Sekunden feststellen. Die speziell relativistische Zeitdilatation ist ein verdammt kleiner Effekt – aber doch mit Mitteln moderner Messtechnik gemessen worden.

Die Allgemeine Relativitätstheorie besagt, dass auch die Gravitation den Gang von Uhren beeinflusst. Je näher die Uhr einer Delle in der Raumzeit ist, umso langsamer tickt sie. Platt gesagt: Eine Uhr auf dem Berg tickt schneller als eine Uhr im Tal. Das ist die sogenannte allgemein relativistische Zeitdilatation (siehe auch Kasten „Gravitation verlangsamt die Zeit").

? Gravitation verlangsamt die Zeit

In der Relativitätstheorie gibt es zwei Formen der Zeitdehnung, die auch unterschiedliche Ursachen haben. Die speziell relativistische Zeitdilatation haben wir im vorangegangenen Kasten besprochen. Sie basiert auf einem reinen Bewegungseffekt und berechnet sich aus der Relativgeschwindigkeit der betrachteten Bezugssysteme. Die allgemein relativistische Zeitdilatation wird verursacht durch die Gravitation. Genauer gesagt beeinflussen Massen die Zeit. Je näher eine Uhr an einer Masse ist, umso langsamer tickt sie. Bei gleichem Abstand zu zwei Massen verzögert die größere Masse den Zeitfluss mehr. Wenn in der Allgemeinen Relativitätstheorie die Metrik bekannt ist, kann man sofort die gravitativ bedingte Zeitdehnung berechnen. Die Effekte sind winzig bei der Erde. Aber besonders extrem ist der Einfluss auf die Zeit in der Nähe kompakter, hoher Massen, vor allem bei Schwarzen Löchern. Man kann dies mit Einsteins Theorie berechnen. Dazu betrachten wir ein Schwarzes Loch (vom Schwarzschild-Typ) mit der Masse der Sonne. Ein (im Prinzip unendlich) weit entfernter Beobachter misst auf seiner Uhr das Verstreichen von 60 Sekunden. Eine Uhr in einer Entfernung von 150 Kilometern vom Loch würde ein kürzeres Zeitintervall von 59,4 Sekunden messen, weil hier schon die Zeit merklich gedehnt wird – die Uhr tickt langsamer als beim Beobachter im Unendlichen. Nähert sich die Uhr noch mehr dem Loch bis auf 10 Kilometer, dann werden die 60 Sekunden Messzeit des Außenbeobachters zu nur noch 50,4 Sekunden; bei fünf Kilometer Abstand sind es 38,4 Sekunden und bei drei Kilometer Abstand sogar nur noch 7,5 Sekunden.

Das ist aber noch nicht alles. Das Besondere bei Schwarzen Löchern ist, dass die Zeit am Ereignishorizont (vergleiche Kasten „Ereignishorizont und Schwarzschild-Radius", Kapitel 4.9) sogar unendlich gedehnt wird. Das bedeutet, dass man von außen keine Chance hat, einen dynamischen Vorgang in der Nähe Schwarzer Löcher zu betrachten, weil am Horizont die Zeit ins Unendliche gedehnt wird. Man würde auch gar nichts sehen, weil der allgemein relativistische Zeitdehnungseffekt ein weiteres Phänomen bedingt: die Gravitationsrotverschiebung (Kapitel 3.5). So werden Lichtfrequenzen gedehnt und Strahlung somit langwelliger, d. h. energieärmer. Auch der Strahlungsfluss wird durch den Effekt reduziert, sodass uns nicht nur gerötete Strahlung, sondern auch weniger helle Strahlung aus der Nähe Schwarzer Löcher erreicht. Schließlich gipfelt der Effekt ▶

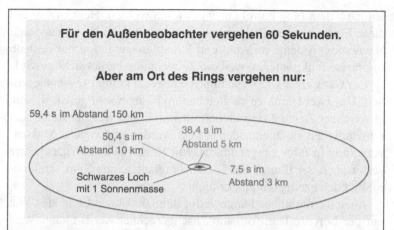

Für den Außenbeobachter vergehen 60 Sekunden.

Aber am Ort des Rings vergehen nur:

59,4 s im Abstand 150 km

50,4 s im
Abstand 10 km

38,4 s im
Abstand 5 km

Schwarzes Loch
mit 1 Sonnenmasse

7,5 s im
Abstand 3 km

Abb. 4.4.2 Verrinnen der Zeit in der Nähe eines Schwarzen Loches mit einer Sonnenmasse. Wir nähern uns auf Ringen dem Loch immer näher an. Die Zeitangaben an den Ringen entsprechen der Zeitspanne, die dort verrinnt, während außen, im Unendlichen, 60 Sekunden verstreichen. Sie belegen die gravitativ bedingte Zeitverlangsamung mit Annäherung an das Loch. © A. Müller

▶ am Horizont darin, dass von dort gar kein Licht mehr entkommen kann. Wegen der Gravitationsrotverschiebung, gleichbedeutend mit der allgemein relativistischen Zeitdilatation, sind Schwarze Löcher schwarz.

Würde man hingegen in ein Schwarzes Loch hineinspringen, würde man dessen Inneres – die zentrale Krümmungssingularität jenseits des Horizonts – in endlicher Zeit erreichen. Aus dieser Perspektive gäbe es keinen Zeitstillstand – das ist das Wesen der Relativität.

Wir merken davon im Alltag freilich nichts, weil die relativistischen Effekte sehr klein sind, aber die Beeinflussung der Zeit konnte gemessen werden. In den 1970er-Jahren wurden zwei Atomuhren synchronisiert. Die eine blieb am Boden, und die andere flog beim Experiment Gravity Probe A in einer Raumsonde mit. Beide Arten der Zeitdilatation – diejenige aufgrund der Bewegung und diejenige aufgrund der Erdgravitation – konnten beim Vergleich der Uhren nach dem Flug korrekt nachgewiesen werden. Heutzutage sind diese Einstein'schen Effekte in unserem Alltag angekommen, weil Navigationssysteme im Auto und Satellitennavigation nur deshalb so präzise funktionieren, weil die Zeitdehnung berücksichtigt wird.

Der Gang einer Uhr ist demnach eine recht komplexe Angelegenheit. Um zwei Uhren zu vergleichen, muss man sehr genau wissen, in welchem Zustand sie sich befinden, d. h. mit welcher Relativgeschwindigkeit sie zueinander bewegt werden und welche Massenverteilung in ihrer Umgebung ist. Mit Einsteins Relativitätstheorie verlor auch der Begriff der Gleichzeitigkeit seinen Sinn, denn absolute Gleichzeitigkeit gibt es nicht.

Auch die räumliche Länge verlor ihren absoluten Charakter. Wie mit der Lorentz-Transformation nachgerechnet werden kann, wird die Länge eines Gegenstands in Bewegungsrichtung verkürzt. Die „Ruhelänge" ist am größten, und im bewegten System nimmt die Länge immer mehr ab, bis sie bei einer Relativgeschwindigkeit, die der Vakuumlichtgeschwindigkeit c entspricht, auf null schrumpft. Diesen Effekt der relativistischen Längenverkürzung nennt man **Lorentz-Kontraktion** (Abbildung 4.4.3). Für die experimentellen Kern- und Teilchenphysiker hat das einen interessanten Effekt: Atomkerne bestehen aus mehreren Teilchen und haben in etwa Kugelform. Wenn sie in Teilchenbeschleunigern fast auf Lichtgeschwindigkeit beschleunigt werden, werden sie in Bewegungsrichtung zusammengedrückt.

Dadurch werden sie oval oder sogar stark abgeplattet – ein Effekt der bei der Kollision von schweren Ionen berücksichtigt werden muss.

4.5   Die Raumzeit der Sonne und der Erde

Einsteins Allgemeine Relativitätstheorie musste sich nach den ersten Veröffentlichungen natürlich den Tests stellen, denen jede wissenschaftliche Theorie standhalten muss. Zwei dieser Tests hängen

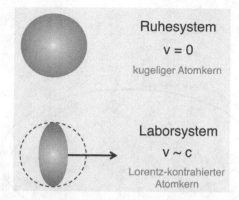

Abb. 4.4.3 Atomkern in Ruhe (oben) vs. relativistisch bewegter und daher Lorentz-kontrahiertem Atomkern (unten). © A. Müller

mit der Sonne zusammen. Ihre Gravitation wird in der Relativitätstheorie mit der Schwarzschild-Lösung beschrieben. Es handelt sich dabei um die Raumzeit einer kugelförmigen Masse, die von maximaler Krümmung am Ort der Punktmasse nach außen stetig abnimmt und schließlich flach wird.

Es ist zu erwarten, dass in der Nähe der Sonne die relativistischen Effekte stärker sind. Man muss als Experimentator also nahe an die Sonne herankommen, um Einstein zu bestätigen – oder ihn zu widerlegen. Der erste Test involviert den sonnennächsten Planeten Merkur. Kein Wunder, er ist so nah an der Sonne, dass er ihre Gravitation am stärksten spürt. Typischerweise bewegen sich die Planeten auf Ellipsenbahnen um die Sonne, wie das erste Kepler-Gesetz besagt. Somit gibt es einen Punkt auf der Bahn, der der Sonne am nächsten ist, der sogenannte Perihel, und einen Punkt, der der Sonne am fernsten ist, der sogenannte Aphel.

Die Keplerbahnen sind geschlossen, wenn man nur die Sonne als Punktmasse betrachten würde, um die ein Planet kreist. Nun ist das Sonnensystem aber ebenfalls bevölkert von vielen anderen Körpern, vor allem vom Gasriesen Jupiter, dem zweitgrößten Körper im Sonnensystem. Durch den Einfluss seiner Gravitation (und auch

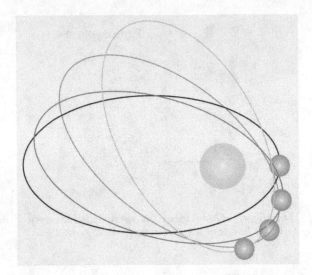

Abb. 4.5.1 Periheldrehung oder Drehung der Apsidenlinie bei der elliptischen Bahn eines Planeten. © A. Müller

derjenigen anderer Massen) werden die Planetenbahnen geöffnet.
Die Ellipsenbahnen sind nicht raumfest und starr, sondern die Bahn
dreht sich im Raum. Nach einigen Umläufen um das Zentralgestirn
bilden die vielen nie ganz geschlossenen Ellipsen eine Art Rosette.

Diese komplexe Bahnbewegung nennt man Periheldrehung. Um
das in Zahlen auszudrücken, verbindet man üblicherweise Perihel
und Aphel mit einer Linie, der sogenannten Apsidenlinie. Die Drehung der Apsidenlinie um einen bestimmten Winkel im Raum beschreibt dann quantitativ die Periheldrehung. In der Newton'schen
Gravitationstheorie gibt es sie auch, und man kann daher z. B. für
Merkur die Periheldrehung berechnen. Schon vor hundert Jahren
kannte man recht genau diesen Zahlenwert für die Periheldrehung
aus den Beobachtungen. Vergleicht man den Messwert mit dem
Newton'schen Wert, dann gibt es eine nicht erklärbare Abweichung.
Einstein hatte ein „Heureka-Erlebnis", als er die Periheldrehung
ausrechnete, die allgemein relativistisch zu erwarten wäre. Denn

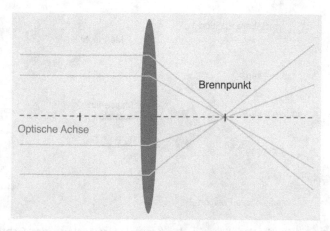

Abb. 4.5.2 Strahlengang bei einer Sammellinse. Von links parallel zur optischen Achse einfallende Strahlen werden in der Linse gebrochen und verlaufen rechts durch ihren Brennpunkt. © A. Müller

seine Berechnung passte exakt zu den Beobachtungen und bestätigte seine revolutionäre Theorie!

Beim zweiten Phänomen müssen wir uns noch näher an die Sonne heranwagen. Die Sonne ist die größte Masse im Sonnensystem und sitzt in dessen Zentrum. Dort ruft die Sonne eine ziemlich große Delle in der Raumzeit hervor, groß genug, dass sämtliche Körper des Sonnensystems dieser „Sonnendelle" folgen müssen (vergleiche Abbildung 4.6.1). Es ist eine Vorhersage der Relativitätstheorie, dass dieser Delle sogar das Licht folgen muss. Das unterscheidet sie von der Newton'schen Theorie, in der die Ablenkung masseloser Lichtteilchen vollkommen unverständlich wäre. Hier kommen die Lichtbahnen, die in Kapitel 4.3 angesprochenen Nullgeodäten, ins Spiel. Die Raumzeit der Sonne, die „Sonnendelle", lässt sich recht gut mit der Schwarzschild-Lösung beschreiben, weil die Sonne nicht besonders kompakt ist und sich nach Maßstäben der Relativitätstheorie nicht besonders schnell um sich selbst dreht. Die Geodätengleichung in der Schwarzschild-Metrik besagt dann, dass vor allem in unmittelbarer Nähe der Sonnenoberfläche – also so nah an

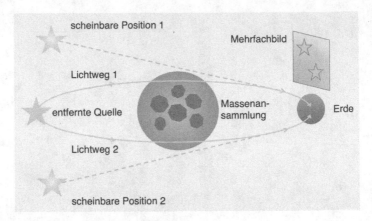

Abb. 4.5.3 Gravitationslinse in der Kosmologie: Entlang der Sichtlinie von der Erde zu einem entfernten, hellen Quasar befindet sich ein massereicher Galaxienhaufen. Seine Masse krümmt das Quasarlicht, sodass es auf zwei verschiedenen Wegen zur Erde kommt. So entstehen zwei Bilder eines einzelnen Quasars – eine „kosmische Fata Morgana". Es sind auch Mehrfachbilder und sogenannte Einstein-Ringe möglich. Ähnliches geschieht bei Lichtstrahlen, die nah am Sonnenrand vorbeilaufen, nur dass keine Doppel- oder Mehrfachbilder entstehen, sondern der Sternenhintergrund hinter der Sonne verzerrt wird. © A. Müller

der Sonnenmasse wie nur möglich – die Bahnen der Lichtteilchen um die Masse herumgebogen werden. Das Ganze ähnelt einer Anordnung einer Sammellinse aus Glas, auf die parallel zur optischen Achse Lichtstrahlen einfallen.

Die Strahlen werden dann durch die Linse abgelenkt und verlaufen durch einen der Brennpunkte der Linse. Da das beugende Objekt in der Allgemeinen Relativitätstheorie eine Masse ist, sprechen Physiker hier von einer **Gravitationslinse**.

Einstein folgerte demnach, dass die Sonne als Gravitationslinse wirken und das Licht von weit hinter der Sonne liegenden Sternen ablenken muss. Die Idee war, diese Verzerrung des Sternenfelds infolge der Lichtablenkung zu messen. Aber wie könnte man das machen, wenn man sehr nah am Sonnenrand vorbeischauen muss und die Sonne selbst gleißend hell ist? Ganz einfach: Eine Sonnenfinsternis muss her! Ganz so einfach war es dann doch nicht, nicht nur, weil sich eine Sonnenfinsternis nicht alle Tage ereignet. Den historischen Erfolg kann man in vielen Einstein-Biografien nachlesen. Die am 29. Mai 1919 in Afrika beobachtete Sonnenfinsternis wurde fotografiert und das Sternenfeld um die verdunkelte Sonne genau analysiert. Durch Vergleich mit dem Bildausschnitt ohne Sonne gelang auch der Nachweis der Lichtablenkung am Sonnenrand, also des Gravitationslinseneffekts. Das war ein weiterer Erfolg für Einstein, der ihn zum Superstar der Physik machte.

Der Gravitationslinseneffekt hängt im Prinzip mit dem sogenannten **Shapiro-Effekt** zusammen. Es gibt eine interessante Analogie zur Lichtbrechung: Tritt Licht in ein optisch dichteres Medium ein, so wird es langsamer und abgelenkt – gebrochen, wie man in der Optik sagt. Der Gravitationslinseneffekt ist eine Art Brechung an Massen. Das Langsamerwerden gibt es auch, und zwar kommt es beim Licht zu einer Laufzeitverzögerung, d. h., geht ein Lichtstrahl an einer Masse wie der Sonne vorbei, so wird er verlangsamt. Der Effekt wurde nach Irwin I. Shapiro benannt, der dieses Phänomen 1964 mit Einsteins Theorie berechnete. Experimentell überprüft wurde das 1968 – ebenfalls an der Sonne. Weil der Effekt auch bei allen anderen elektromagnetischen Wellen auftritt, konnten Radiowellen eingesetzt werden, die sich ebenfalls mit der Lichtgeschwindigkeit c ausbreiten. Sie wurden von der Erde zur Venus geschickt und dort reflektiert. Auf diesem Weg kamen die Radiowellen nahe am Sonnenrand vorbei, denn die Venus stand während des Tests von der Erde aus gesehen hinter der Sonne.

2002 wurde mithilfe der interplanetaren Raumsonde Cassini der Shapiro-Effekt mit einer Genauigkeit von 0,001 % bestätigt.

Die Lichtlaufzeitverzögerung bei kosmologischen Gravitationslinsen kann erstaunlich hohe Werte annehmen. In einem gut dokumentierten Fall wurde eine Verzögerung um mehr als zwei Jahre gemessen! Die zeitliche Verzögerung kommt durch zwei Ursachen: zum einen rein geometrisch bedingt durch den längeren, gebogenen Weg, den das Licht um die Linse nehmen muss. Zum anderen durch den Shapiro-Effekt, den man sich so vorstellen kann, dass eine mit-

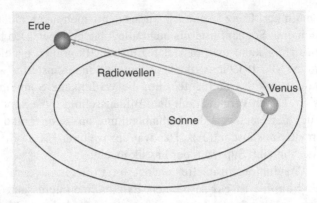

Abb. 4.5.4   Shapiro-Effekt von Radiowellen an der Sonne. © A. Müller

bewegte Uhr die Gravitation nah an der Masse „mehr spürt" und damit die Zeit langsamer verrinnt.

Auch die Gravitation der Erde kann sehr gut mit der statischen Schwarzschild-Lösung beschrieben werden, aber es gibt ein paar sehr subtile Effekte von Einsteins Gravitationstheorie, bei denen man genauer vorgehen muss. Der Punkt ist, dass die Erde eine Masse ist, die um ihre Achse rotiert. Eine rotierende Massenverteilung kann nur ungenügend durch eine kugelsymmetrische, statische Raumzeit beschrieben werden, wie es bei der Schwarzschild-Lösung der Fall ist. Bei rotierenden Massen kommt die Kerr-Lösung zum Einsatz, die 1963 von dem neuseeländischen Mathematiker Roy Patrick Kerr gefunden wurde. Diese Raumzeit ist achsensymmetrisch und stationär. „Stationär" bedeutet salopp erklärt, dass die Raumzeit nicht statisch ist wie bei Schwarzschild, sondern dynamisch und beständig rotiert wie ein Kreisel. Die Kerr-Metrik eignet sich hervorragend zur Beschreibung der Raumzeit der rotierenden Erde, zumindest außerhalb der Erdoberfläche. Die Kerr-Lösung ist um einiges komplizierter als die Schwarzschild-Lösung – auch mathematisch –, und es erfordert schon einiges an Rechnerei, wenn man mit ihr umgeht. Doch der Aufwand lohnt sich sehr und bringt vollkommen neue Einsichten in Einsteins relativistische Welt. Die

Abb. 4.5.5 Lichtwege um ein rotierendes Schwarzes Loch in dessen Äquatorebene. Das Licht wird von der rotierenden Raumzeit auf Spiralwege gezwungen, ein Effekt, der „frame dragging" genannt wird. © Mag. Dr. Werner Benger; Konrad-Zuse-Zentrum für Informationstechnik, Berlin; Max-Planck-Institut für Gravitationsphysik, Potsdam; Center for Computation & Technology at Louisiana State University, USA; Institute for Astro- and Particle Physics at University of Innsbruck, Austria

Geodätengleichung für Licht in der Kerr-Metrik zeigt beispielsweise, dass sich Licht auf Spiralbahnen um die rotierende Zentralmasse winden kann.

Das passiert auch mit Testteilchen, die eine Masse haben. Gleiches ist für die rotierende Erdmasse zu erwarten. Satelliten, die da draußen um den Erdball schwirren, sollten von der rotierenden Raumzeit mitgezogen werden wie in einem Strudel. Dieses „Mitschleppen von der Raumzeit" wird in der Fachwelt **Lense-Thirring-Effekt**, gravitomagnetischer Effekt oder kurz „frame dragging" genannt. Der Effekt wurde 1918 von den Österreichern Josef Lense (1890–1985) und Hans Thirring (1888–1976) mit Einsteins Theo-

Abb. 4.5.6 Künstlerische Darstellung der rotierenden Raumzeit der Erde und des Satelliten Gravity Probe B, der von der Raumzeit mitgedreht wird. © James Overduin, Pancho Eekels und Bob Kahn

rie vorhergesagt. Bei der Erde ist das ein sehr schwer nachweisbarer Effekt. Jahrzehntelang wurde ein entsprechendes Experiment namens „Gravity Probe B" vorbereitet. Mithilfe von Gyroskopen, das sind genau ausgerichtete Kreisel innerhalb des Satelliten, wurde versucht, den Zug der Erdraumzeit zu messen.

Tatsächlich gelang der Nachweis im Jahr 2009 – aber zu spät: Ein anderes Experiment hatte bereits den Lense-Thirring-Effekt zweifelsfrei bestätigt, und zwar eine Messung mit den beiden LA-GEOS-Satelliten. Durch diese genau positionierten Satelliten, deren Ausrichtung und Lage mithilfe von Lasern genau bekannt war, gelang der Nachweis des Lense-Thirring-Effekts im Jahr 1998.

In der Allgemeinen Relativitätstheorie gehören die Schwarz-schild-Lösung und die Kerr-Lösung zu den Paradebeispielen von Raumzeiten. Sie sind noch verhältnismäßig einfach zu handhaben. Die Schwarzschild-Raumzeit wird nur durch die Vorgabe eines Parameters beschrieben, nämlich der Masse. Die Kerr-Raumzeit hingegen wird durch zwei Parameter festgelegt, nämlich Masse und

Drehimpuls, weil die Masse nun auch rotiert. Beide Raumzeiten kommen in der Astrophysik zur Beschreibung von nicht rotierenden bzw. rotierenden Schwarzen Löchern zum Einsatz. Als weiterführende Literatur sei hier noch einmal auf das Buch „Schwarze Löcher – Die dunklen Fallen der Raumzeit" von A. Müller verwiesen.

4.6   Die Raumzeit kompakter Objekte

In der Astrophysik beschäftigt sich die theoretische Stellarphysik mit der Entstehung und Entwicklung von Sternen (Astrophysik Aktuell: „Sterne: Was ihr Licht über die Materie im Kosmos verrät" von Achim Weiß). Im Zusammenhang mit Raumzeiten ist es besonders spannend, sich mit den kompakten Endzuständen von Sternen zu befassen: mit Weißen Zwergen, Neutronensternen und Schwarzen Löchern. Die Massen dieser Himmelskörper sind so stark zusammengepresst, dass sie die Raumzeit viel stärker krümmen als normale Sterne wie die Sonne. Das bedeutet auch, dass Effekte von Einsteins Allgemeiner Relativitätstheorie bei diesen kompakten Objekten besonders relevant sind.

Die meisten Sterne, die wir am Nachthimmel sehen können, leuchten beständig und mit in etwa gleichbleibender Helligkeit. Das gilt insbesondere für unsere Sonne – ein Umstand, dem wir auch unsere Existenz verdanken. Solche Sterne befinden sich in einem Gleichgewichtszustand, der von Astronomen hydrostatisches Gleichgewicht genannt wird. Sterne sind im Prinzip „Plasmabälle", die aus verschiedenen chemischen Elementen zusammengesetzt sind. Sie bilden schwerere chemische Elemente aus der Verschmelzung leichterer Elemente (Kernfusion). Die Gestalt und Stabilität des Sterns wird von Kräften bestimmt, die in seinem Inneren wirken: Das sind der Gasdruck, der Strahlungsdruck, Zentrifugalkräfte infolge der Sternrotation um die eigene Achse und die Gravitation aufgrund der Masse des Sterns. Irgendwann versiegt jedoch die Hitzequelle im Sternkern, entweder weil die nächste Verschmelzungsreaktion nicht zünden kann, weil der Stern zu leicht und damit im Kern nicht heiß genug ist, oder weil die letztmögliche Fusionsreaktion beim Element Eisen erreicht wurde und damit die Fusionskette aus kernphysikalischen Gründen endet. So oder so gerät der Gleichgewichtszustand aus den Fugen, und die Gravitation gewinnt die Oberhand. Im Gravitationskollaps fällt der Sternkern in sich zusammen. Was weiter geschieht, hängt im Wesentlichen von der Sternmasse ab, die in sich zusammenstürzt. Bei bis zu 1,4 Sonnenmassen entsteht ein Weißer Zwerg, ein kleiner, heißer, kompakter Stern, in dem keine Fusion mehr stattfindet. Bei 1,4 bis ungefähr drei Sonnenmassen entsteht ein Neutronenstern. Die Sternmaterie wurde in ihm zusammengepresst und hat sich großteils in Neutronen umgewandelt. Neutronensterne haben typischerweise 20 Kilometer Durchmesser und eine Sonnenmasse. Bei mehr als drei Sonnenmassen (diese Grenze ist noch nicht so genau bekannt) entsteht aus dem kollabierenden, massereichen Vorläuferstern ein Schwarzes Loch. Viele Details sind nachzulesen in den Büchern der Reihe Astrophysik Aktuell von A. Müller und H.-T. Janka sowie bei Max Camenzind, „Compact Objects in Astrophysics: White Dwarfs, Neutron Stars and Black Holes", Springer Verlag 2007.

Uns soll es nun um die Raumzeit dieser kompakten Objekte gehen. Der Kollaps ist ein dynamischer Vorgang, d. h., die Raumzeit des Sterns verändert sich nach und nach. Dadurch, dass die Masse immer mehr komprimiert wird, nimmt auch die Krümmung der Raumzeit zu. Man kann es sich so vorstellen, dass die Delle, die der Stern in der Raumzeit hinterlässt, durch den Kollaps tiefer wird. Im Extremfall kann sich ein sogenannter „Gravitationstrichter" und eine Krümmungssingularität ausbilden, weil der massereiche Stern zu einem Schwarzen Loch kollabiert ist.

Was geschieht mit der Materie des Vorläufersterns beim Kollaps zum Schwarzen Loch? Genau wissen die Astrophysiker nicht, was die nächste Stufe beim weiteren Verdichten von Neutronensternmaterie und des Quark-Gluon-Plasmas ist. Wenn wir Einsteins Theorie ernst nehmen, dann findet ein Übergang der Materie in Krümmung von Raumzeit statt, sogar unendlicher Krümmung in der Singularität. In diesem Sinne ist ein Schwarzes Loch nur noch Krümmung oder „Masse ohne Materie".

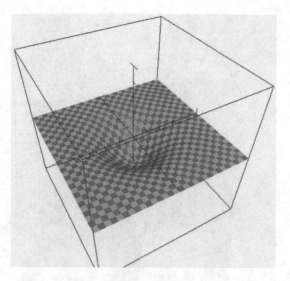

Abb. 4.6.1 „Raumzeit-Delle" eines kugelsymmetrischen Sterns. Zwecks Anschaulichkeit wurden eine Raum- und die Zeitdimension unterdrückt. Entlang der waagerechten Achsen sind zwei Raumdimensionen aufgetragen und entlang der Vertikalen die Krümmung. Man erkennt, wie die Krümmung von außen – Krümmung null; flach – nach innen stark zunimmt. © A. Müller

Mit der zum Zentrum hin zunehmenden Krümmung verändert sich auch das Verrinnen der Zeit (Kapitel 4.4). In ähnlicher Weise, wie man die Krümmung darstellen kann, kann man auch zeigen, wie für einen Außenbeobachter die Zeit einer einfallenden Uhr langsamer und langsamer vergeht, je näher die Uhr der Masse kommt. Derartige Effekte sind bei kompakten Objekten wie Neutronensternen und Schwarzen Löchern viel stärker (und entsprechend leichter zu messen) als bei der Erde. Indirekt konnten diese Effekte als Gravitationsrotverschiebung bei diesen kompakten Objekten gemessen werden.

In der theoretischen Stellarphysik gab es dazu unterschiedliche Ansätze, z. B. den Kollaps kugelsymmetrisch zu beschreiben. Das ist eine Vereinfachung des realen Vorgangs, gibt aber schon viele grundsätzliche Einblicke in die Physik des Kollapses. Später wurden

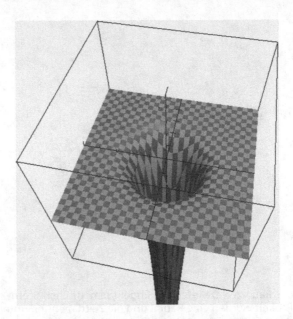

Abb. 4.6.2 „Raumzeit-Loch" eines kugelsymmetrischen Schwarzen Lochs. Hier wird die Delle zu einer Art Trichter. Dort sitzt die Krümmungssingularität. © A. Müller

auch achsensymmetrische Raumzeiten verwendet. Von besonderem Interesse ist in der modernen Forschung, welche Gravitationswellen in Sternkollaps abgegeben werden. Darauf werden wir im nächsten Kapitel kurz zu sprechen kommen.

4.7   Wellen der Raumzeit: Gravitationswellen

Wenn Sie einen Stein in einen Teich werfen, breiten sich kreisförmige Oberflächenwellen von derjenigen Stelle im Wasser aus, wo der Stein in die Wasseroberfläche eintraf. Physikalisch handelt es sich um eine Schallwelle, die sich im Medium Wasser ausbreitet. Durch den Wurf gaben Sie dem Stein Bewegungsenergie mit. Diese Energie gibt er beim Fall in das Wasser an die vielen, kleinen Wasserteilchen ab. Es ist eine Kettenreaktion: Zuerst gibt der Stein die Energie an die direkt an der Einschlagstelle umgebenden Wasserteilchen ab. Diese wiederum stoßen auf benachbarte, geben an diese die Bewegungsenergie weiter usw. Eine Wasserwelle breitet sich aus. Ein Teil der Energie geht in Reibung und Dämpfung verloren, sodass die Welle weiter weg vom Einschlagsort recht schnell zum Erliegen kommt.

Die Allgemeine Relativitätstheorie sagt eine besondere Form neuer Wellen voraus. Es handelt sich um Krümmung, die sich dynamisch in der Raumzeit fortpflanzt, man nennt sie **Gravitationswellen**.

Sie entstehen immer dann, wenn Massen beschleunigt werden. Albert Einstein konnte diese Wellenform aus der Feldgleichung der Allgemeinen Relativitätstheorie ableiten. Er hatte die Gleichung dazu vereinfacht (linearisiert) und spezielle Wellen-Lösungen gefunden. Mittlerweile werden viel komplexere, nichtlineare Gravitationswellen mithilfe von Hochleistungsrechnern simuliert und untersucht. Gravitationswellen sind demnach dynamische Raumzeiten. Es gibt viele Beispiele aus der Astronomie, bei denen sich derartige Wellen ausbreiten. So bei einem Sternkollaps (Kapitel 4.6), wo die Sternmasse in sich zusammenstürzt, dabei beschleunigt wird und Gravitationswellen aussendet. Auch ein Doppelsternsystem strahlt kontinuierlich Gravitationswellen ab, was daran liegt, dass sich die Massen umkreisen und dabei ebenfalls beschleunigt werden. Ein solches System brachte einen Durchbruch in der Gravitationswellenphysik. Es wurde ein Doppelstern entdeckt, bei dem sich zwei Neutronensterne eng umkreisen und einer der beiden ein Pulsar ist. Die Astronomen Russell Hulse und Joseph Taylor studierten diesen Doppelpulsar mit der Bezeichnung PSR 1913+16 über viele Jahre und nahmen die Pulse auf. Dabei stellten sie fest, dass sich die beiden Sterne immer näher kamen. Sie rechneten mithilfe Einsteins Theorie aus, wie viel Energie das System durch die Abstrahlung von Gravitationswellen

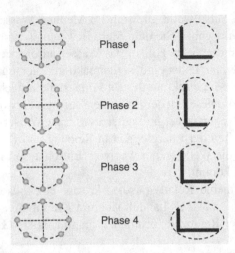

Abb. 4.7.1 Links: Eine Gravitationswelle läuft senkrecht zur Papierebene ein und trifft eine ringförmige Anordnung von Testmassen. Die
Schnappschüsse zeigen von oben nach unten, was mit dem Ring geschieht. Zunächst ist der Ring kreisrund (Phase 1). Dann dehnt die Gravitationswelle zunächst die Anordnung in senkrechter Richtung und
staucht sie horizontal (Phase 2). Danach schwingt der Ring in seine Ausgangsposition zurück (Phase 3). Schließlich schwingt die Anordnung der
Testmassen entgegengesetzt zu Phase 2 so, dass sie senkrecht gestaucht
und horizontal gestreckt wird (Phase 4). Danach wiederholt sich der periodische Vorgang wieder und startet mit Phase 1. Rechts: Ein L-förmiges Messgerät für Gravitationswellen würde wie der Ring entsprechend
schwingen und sich periodisch mal horizontal verkürzen und mal horizontal strecken. Genau dieses Messprinzip wird beim deutschen Gravitationswellen-Detektor GEO600 angewendet. © A. Müller

verliert und stellten fest, dass genau dieser Energieverlust die Annäherung der Sterne erklären konnte. Das war der indirekte Beweis für
die Existenz der Gravitationswellen und wurde mit dem Nobelpreis
für Hulse und Taylor im Jahr 1993 prämiert. Der direkte Nachweis
steht allerdings noch aus. Es gibt eine ganze Reihe von Gravitations-
wellendetektoren – auch in Deutschland: GEO600. Die meisten De-

tektoren basieren darauf, die Längenänderung zu messen, die beim Durchgang einer Gravitationswelle durch die Erde auftritt. Aber dieser Effekt ist unglaublich gering: Auf einer Länge von einem Lichtjahr dehnt oder staucht eine Gravitationswelle diese Strecke nur um den Durchmesser eines menschlichen Haares! Die Messtechnik wird jedoch immer besser, sodass wir zuversichtlich sein können, dass der direkte Nachweis in nächsten Jahren gelingen wird.

4.8 Die Raumzeit des Universums

Bei der Besprechung des kosmologischen Zeitpfeils in Kapitel 3.5 hatten wir den expandierenden Kosmos kennengelernt, der als Friedmann-Universum oder genauer FLRW-Kosmos bekannt ist. Die einfache Analogie des „Luftballon-Universums" (Abbildung 3.5.3) zeigte uns grundsätzliche Eigenschaften des sich ausdehnenden Kosmos: die Galaxienfluchtbewegung und die Rotverschiebung. Mit Einsteins Theorie können viele mögliche Universen beschrieben werden. Die Theorie gibt bestimmte Größen vor, die die Dynamik des Universums beeinflussen. Diese Größen werden der Satz kosmologischer Parameter genannt. Es ist daher Aufgabe der Beobachtung, diese Parameter des Modells zu messen, um entscheiden zu können, in welchem Universum wir leben. Wie bereits in Kapitel 3 beschrieben, versuchte Einstein zunächst, ein statisches Universum mit seiner Theorie zu erklären. Dazu führte er die kosmologische Konstante Λ ein. Zwar wurde mit der Entdeckung der Galaxienflucht die Konstante Λ wieder verworfen, aber die Beobachtungen der 1990er-Jahre machten es notwendig, sie wieder zu berücksichtigen.

Bei der Diskussion von Einsteins Feldgleichung (Kapitel 4.3) stellten wir fest, dass Materie und Energie die Krümmung der Raumzeit beeinflussen. Sämtliche Materie und Energieformen im Kosmos bestimmen daher die Krümmungseigenschaften und die Dynamik der Raumzeit des Universums. Heute wissen wir, dass die normale Materie, die uns umgibt, dabei nur eine kleine Rolle spielt. Die wesentlichen Komponenten bei der Entwicklung des Universums sind Dunkle Materie und Dunkle Energie. Dabei dominiert die Dunkle Materie die anfängliche Entwicklung nach dem Urknall, und die Dunkle Energie dominiert die kosmische Spätentwicklung. Wie es zu diesen Erkenntnissen gekommen ist, soll in diesem Kapitel umrissen werden.

Einsteins Feldgleichung kann eine Lösung bereitstellen, die die Entwicklung der Raumzeit des ganzen Kosmos beschreibt. Dabei gehen ein paar Annahmen ein, die unmittelbare Konsequenzen auf die Gestalt der Einstein-Gleichung haben. Eine erste Annahme ist das **kosmologische Prinzip**. Es besagt ganz einfach, dass wir an keinem besonderen Ort im Universum leben. Ein Blick an den Nachthimmel bestätigt diese Annahme auch, denn in der einen Richtung sieht der Himmel genauso aus wie in einer anderen. Diese Richtungsunabhängigkeit (Isotropie) legt eine Kugelsymmetrie der Raumzeit des Universums nahe. Das vereinfacht die Differenzialgleichung in Einsteins Theorie beträchtlich. Weiterhin wird angenommen, dass sich die Materie im Kosmos als (ideale) Flüssigkeit beschreiben lässt, also mit den Gesetzen der Hydrodynamik. In der Astrophysik werden z. B. Sternplasmen und das fein verteilte interstellare und intergalaktische Medium mit derartigen, hydrodynamischen Gleichungen beschrieben. Diese Annahme geht auf den bedeutenden deutschen Mathematiker Hermann Weyl (1885–1955) und das Jahr 1923 zurück. Der Flüssigkeitsansatz hat weiteren Einfluss auf die Form der Feldgleichung. Zwischen 1917 und 1922 wurden verschiedene Lösungen der Einstein-Gleichung gefunden, die auch verschiedene Universen beschreiben. Die wichtigsten Arbeiten in diesem Kontext gehen zurück auf Albert Einstein, Willem de Sitter (1872–1934), Alexander Friedmann, Georges Lemaître, Howard P. Robertson und Arthur G. Walker (1909–2001). Nach den Anfangsbuchstaben ihrer Nachnamen fasst man ihre Modelle als **FLRW-Universen** oder **FLRW-Kosmologie** zusammen. Diese Pioniere waren die historischen Wegbereiter der modernen, relativistischen Kosmologie.

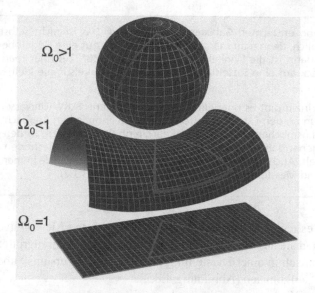

Abb. 4.8.1 Die drei Krümmungstypen der FLRW-Universen in Abhängigkeit vom totalen Dichteparameter Ω_0. Die eingezeichneten Dreiecke zeigen, dass die Winkelsumme von oben nach unten größer, kleiner, gleich 180° ist. © NASA / WMAP Science Team

? Die Krümmung des Universums

Die Pioniere der relativistischen Kosmologie fanden einen Krümmungsparameter, der drei wesentliche Universums-Typen unterscheidet: Die Raumzeit kann entweder positiv gekrümmt sein wie eine Kugeloberfläche. Dies ist ein elliptisches (oder sphärisches) Universum mit Krümmungsparameter +1 (Abbildung 4.8.1, oben). Oder es handelt sich um eine negativ gekrümmte Raumzeit wie bei einer Sattelfläche. Das ist das hyperbolische Universum mit Krümmungsparameter −1 (Abbildung 4.8.1, Mitte). Schließlich kann die Raumzeit des ganzen Kosmos gar nicht gekrümmt, sondern flach sein. Das ist das euklidische Universum mit Krümmungsparameter 0 (Abbildung 4.8.1, unten).

Aktuelle Messungen besagen, dass wir in einem euklidischen, d. h. flachen Kosmos leben. Der mathematische Satz „Die Winkelsumme im Dreieck beträgt 180°." gilt auch für ein riesiges Dreieck, das ▶

▶ von entfernten Galaxien gebildet wird. Das ist nicht selbstverständlich, denn malt man ein solches Dreieck auf eine Kugeloberfläche, dann ist die Winkelsumme größer als 180°. Zeichnet man das Dreieck auf eine Sattelfläche, dann ist die Winkelsumme kleiner als 180°.

Im Prinzip gibt es unendlich viele verschiedene FLRW-Universen. Es ist nun an den Experimentatoren und astronomischen Beobachtern, den kosmischen Materie- und Energieinhalt zu messen. In den vergangenen Jahrzehnten wurden dazu immer bessere Methoden entwickelt. Auch die Qualität der Beobachtungsdaten wurde immer besser und Messfehler immer geringer (Abbildung 3.7.2).

Es ist es recht illustrativ, sich ein paar bestimmte FLRW-Universen, wie man sie aus der Einstein-Gleichung erhält, herauszugreifen und sie grafisch in einer Darstellung „Größe des Universums" über der „Zeit" aufzumalen (Abbildung 4.8.2).

Alle Kurven schneiden sich in einem Punkt, der mit „heute" (waagerechte Achse) etikettiert ist und bei dem alle Kurven den gleichen Weltradius (normiert auf 1; senkrechte Achse) haben. Die orangefarbene Kurve ist sehr auffällig, denn sie hat die Form eines Halbkreises. Sie stellt dar, dass in nicht allzu ferner Zukunft das von ihr beschriebene Universum seinen Maximalradius erreichen und dann wieder schrumpfen wird – bis auf einen Weltradius null in ca. 22 Milliarden Jahren. Das wäre ein erneuter Urknall in ferner Zukunft! Ein Blick auf die verwendeten kosmischen Parameter für dieses Universum zeigt, dass so etwas nur mit einer großen Menge an Materie funktionieren würde. Nur dann könnte die Gravitation über die Expansion wieder die Oberhand gewinnen. Ein Blick auf den linken Ast des Halbkreises zeigt, dass dieses Universum nicht besonders alt war und vor ca. fünf Milliarden Jahren in der Vergangenheit begann. Findet man Objekte im Universum, die älter sind als diese fünf Milliarden Jahre, dann wäre das Universum – beschrieben durch die orangefarbene Kurve – widerlegt. Im Prinzip gehen die Forscher genauso vor und versuchen über verschiedene Methoden, Altersbestimmung zu betreiben (Kapitel 3.3). Vollkommen anders

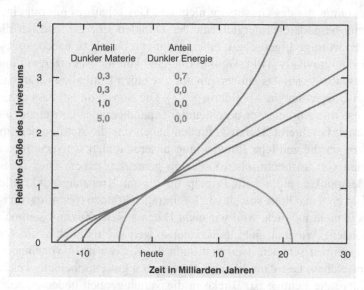

Abb. 4.8.2 Zeitliche Entwicklung des Weltradius für Universen mit unterschiedlichem Materie- und Energieinhalt. © A. Müller und NASA / WMAP Science Team 2002

sind die Formen der grünen und der blauen Kurve. Die von ihnen beschriebenen Universen sind mehr als zehn Milliarden Jahre alt und werden unendlich lang expandieren – jedoch ohne Urknall in der Zukunft. Der Unterschied der beiden Universen besteht darin, dass die grüne Kurve ein flaches Universum beschreibt ($\Omega_0 = \Omega_m + \Omega_\Lambda = 1$; Erklärung der Symbole folgt gleich), wohingegen die blaue Kurve ein Universum beschreibt, das hyperbolisch ist ($\Omega_0 = \Omega_m + \Omega_\Lambda < 1$; auch Abbildung 4.8.1). Die rote Kurve beschreibt das Älteste der hier dargestellten Universen in der Grafik. Es ist fast 14 Milliarden Jahre alt. Man beachte die außergewöhnliche Form der roten Kurve, nämlich ihr Krümmungsverhalten: Sie ist mal rechts- und mal linksgekrümmt. Das Besondere ist, dass sie in der Zukunft stark nach oben abknickt, d. h., das von ihr beschriebene Universum wird in immer kürzeren Zeitintervallen immer größer. Man sagt: Es expandiert beschleunigt! Mit normaler Materie oder mit Dunkler Materie bekommt das das Universum nicht hin. Das schafft es nur mit einer ganz besonderen Energieform: der Dunklen Energie. Sie hat die merkwürdige Eigenschaft, einen negativen Druck zu haben, sodass sie antigravitativ wirkt. Dunkle Energie bläht die Raumzeit auf und bläst sozusagen das Universum auf wie einen Luftballon („Luftballon-Universum" in Abbildung 3.5.3). Die Sensation ist, dass genau diese rote Kurve unser beschleunigt expandierendes Universum am besten beschreibt. Herausgefunden haben das die Astronomen, indem sie die zeitliche Entwicklung unseres realen Universums anhand von astronomischen Objekten gemessen haben. Dies liefert Messpunkte, die sie im Prinzip links vom Kreuzungspunkt aller Kurven – und links von „heute" – eintragen können (rechts davon ist es ja nicht möglich, weil wir nicht Daten aus der Zukunft sammeln können). Wie man sieht, muss man so weit wie möglich in die Vergangenheit schauen, weil erst dann die Kurven mehr voneinander abweichen. Erst dann können Astronomen gut entscheiden, welche Kurve die richtige ist. Blicke in die Vergangenheit bedeuten auch, dass wir weit weg von der Erde Objekte finden müssen, also bei großen Entfernungen (Kapitel 3.4). Den Durchbruch brachte das Jahr 1998, als Beobachtungen von Supernovae Typ Ia ergaben, dass unser Universum sich entlang der roten Kurve entwickelte (Kapitel 3.7)

Zu den wesentlichen Größen im Satz kosmologischer Parameter gehören der Anteil der Dunklen Materie plus normaler Materie sowie der Anteil der Dunklen Energie. In der Kosmologie drückt man sie in dimensionslosen Größen aus, die Dichteparameter Ω_m und Ω_Λ genannt werden, wobei der Index m für Materie steht und Λ für Einsteins kosmologische Konstante, der derzeit favorisierten Form Dunkler Energie. Die präzise, experimentelle Messung von Ω_m und Ω_Λ ist eines der wesentlichen Ziele kosmologischer Forschung. In der Tat wurden hier in den letzten Jahrzehnten große Fortschritte gemacht. Es ist mittlerweile sogar möglich, mit verschiedenen Verfahren diese Parameter zu messen und sie zu kombinieren. Zur großen Befriedigung der Kosmologen überlappen sich alle drei voneinander unabhängigen Methoden in einem kleinen Bereich der gesuchten Parameter – sie sprechen sozusagen dieselbe Sprache! In

Abbildung 3.7.2 lesen wir an den Achsen ab, dass der Anteil für Materie (Dunkle Materie plus normale Materie) ungefähr 30 % beträgt und derjenige für Dunkle Energie 70 %.

? Ist das Universum unendlich groß?

Schon in der Schule lernt man: Das Weltall ist unendlich. Dabei ist das gar nicht so klar – bis heute ist diese Frage nicht endgültig geklärt! Es ist ein bequemer Ansatz, dass das Universum unendlich groß ist. Aber bislang ließ sich das nicht beweisen oder widerlegen. Umso spannender wäre es, sich zu überlegen, wie ein endlich großes Universum noch mit den astronomischen Beobachtungen vereinbar wäre.

Einsteins Allgemeine Relativitätstheorie macht eine Aussage über die Geometrie des Universums, also über seine Krümmung. Seine Theorie macht aber keine Aussage, wie unterschiedliche Teile des Universums miteinander verknüpft sind. Dies ist eine Frage der **Topologie**, einer Teildisziplin der Mathematik. Das klingt anspruchsvoller, als es ist. Stellen Sie sich ein quaderförmiges Zimmer vor. Wenn Sie sich den Wänden nähern, stoßen Sie auf einen Widerstand, und der Raum endet dort. Das ist aber nur die einfachste Form der Topologie dieses Raums. Die Wände könnten nun auf recht komplizierte Art miteinander vernetzt sein. Eine Variante wäre, dass Sie das Zimmer an der linken Wand verlassen und auf wundersame Weise an der rechten Wand wieder in das Zimmer zurückgelangen. Oder Sie lassen sich nach unten durch ein Loch im Boden fallen und kommen von der Zimmerdecke wieder zurück in den Raum. Das klingt alles ziemlich verrückt, ist aber letztendlich nur eine Frage der Vernetzung, genauer gesagt: der Topologie. In der Kosmologie ist man geneigt, die simpelste Topologie des Universums anzunehmen. Das konventionelle Universum ist räumlich unbegrenzt und unendlich.

Nun könnte man eine kompliziertere Topologie ansetzen und fordern, dass ein Lichtstrahl, den man in die eine Richtung in den Kosmos schickt, auf der gegenüberliegenden Seite wieder in den Kosmos eintritt. Nehmen wir das mal einen Moment an; was wäre die Folge? Nun, ein Foto eines Himmelsobjekts setzt sich ja aus den Lichtstrahlen zusammen, die wir aus der Richtung des Objekts empfangen. Wenn nun dieses „Lichtmuster" seinen Weg durch den Kosmos antrat, würde es durch die Vernetzung an anderer Stelle wieder in den Kosmos eintreten. Die Konsequenz: Es müsste Vielfachbilder ein und desselben Lichtmusters geben, die wir aber aus verschiedenen Rich- ▶

► tungen kommend beobachten würden. Dieses Phänomen könnte man als „topologisches Linsen" bezeichnen. Tatsächlich laufen schon Suchaktionen nach derartigen Doppel- und Mehrfachbildern. Die Astronomen können viele Einzelbilder des Himmels mosaikartig zusammensetzen zu einer Aufnahme, die den kompletten, von der Erde aus beobachtbaren Himmel zeigt – also Nord- und Südhimmel. Ein prominentes Beispiel ist die Himmelskarte der kosmischen Hintergrundstrahlung (Abbildung 3.7.3, Mitte). Sollte topologisches Linsen passieren, so würden sich charakteristische Muster in dieser Karte an anderer Stelle identisch wiederholen. Die Suche nach derartigen topologischen Mehrfachbildern war jedoch bislang erfolglos. Dennoch kann der Effekt nicht ausgeschlossen werden, weil die Realität noch komplizierter ist: Denn Lichtstrahlenbündel der gleichen Quelle, die auf verschiedenen Wegen zu uns gelangen, treffen auf den verschiedenen Wege auch auf unterschiedliches Material. Das Licht würde entsprechend verschieden gestreut und abgeschwächt werden und könnte – obwohl gleichen Ursprungs – komplett anders aussehen, sodass niemand auf die Idee käme, sie als Bilder ein und derselben Quelle zu identifizieren. Diese Probleme haben die Astronomen auch bei einem ganz ähnlichen Phänomen, den Gravitationslinsen (Kapitel 4.5). Allerdings sind die Methoden hier weiter vorangeschritten, und es gelingt mittlerweile per Simulation, das Resultat des Linseneffekts zu reproduzieren. Topologisches Linsen kann man auch simulieren, aber es ist eben deutlich komplizierter. Aktuell muss man festhalten, dass die Kosmologen im Standardmodell von einem topologisch einfachen Universum ausgehen, aber dass die Frage nach der Endlichkeit oder Unendlichkeit des Universums noch nicht entschieden werden kann.

4.9 Singularitäten der Raumzeit

Wir haben die Dellen der Raumzeit kennengelernt, die nach Einsteins Theorie die Gravitation „ohne Schwerkraft" in einer vollkommen neuen Weise erklären. Wir leben in einer Welt, die angefüllt ist mit solchen Dellen – mal flacher, mal tiefer – sodass die uns umgebende Raumzeit in dieser Analogie eine Art zerklüftetes Gebirge ist. Berge nehmen wir als etwas Statisches wahr. Man könnte glauben, dass sie schon immer da waren und ewig so bleiben werden. Jedoch wissen wir aus der Geologie, dass sich Gebirge im Laufe von Jahrmillionen aufgefaltet und aufgetürmt haben, genauso wie sie durch die erodierenden Kräfte von Sonne, Wind und Wetter wieder abgetragen werden. Physiker würden sagen, dass Gebirge auf viel längeren Zeitskalen leben als die Lebensspanne von Menschen. Die uns unmittelbar umgebende Raumzeit wird dominiert von der Erdmasse. Diese Masse formt eine Delle, sodass die Objekte an der Erde gehalten werden. Vergrößern wir den Abstand zur Erde, so treffen wir auf weitere Dellen in der Raumzeit, die von den nächsten Planeten hervorgerufen werden. Bei noch größeren Abständen treffen wir schließlich auf die Sonne, die größte Masse im Sonnensystem, die somit auch die größte Delle in unserer Nachbarschaft erzeugt. Die „Sonnendelle" zwingt die Erde und die anderen Planeten auf ihre gebundenen Bahnen.

Die Sonne wiederum steht unter dem Einfluss der Milchstraße. Das Zentrum unserer Heimatgalaxie enthält eine hohe Massenkonzentration aus vielen Sternen und einer zentralen dunklen Masse, dem supermassereichen Schwarzen Loch. Darüber hinaus gibt es eine komplexe Massenverteilung innerhalb der Milchstraße, die die anderen Sterne, Gas, Staub und Dunkle Materie hervorrufen. Die Raumzeitdelle, die all diese Materie erzeugt, ist so groß, dass unsere Sonne diesen Einfluss spürt und um das Zentrum der Milchstraße tanzt. Betrachten wir die Umgebung der Milchstraße, treffen wir auf weitere Dellen in der Raumzeit, die von Nachbargalaxien und ganzen Galaxienhaufen, wie dem Virgo-Haufen, hervorgerufen werden. Auf der großen Skala, d. h., bei großen Abständen, die vergleichbar sind mit den Distanzen von Galaxienhaufen, bemerken Kosmologen eine zusätzliche Dynamik der uns umgebenden Raumzeit. Sie wird nämlich aufgeblasen wie ein Gummiballon, sodass die komplexe „Dellenlandschaft" auseinandergezogen wird. Hier werden die Effekte einer beschleunigt expandierenden Raumzeit wesentlich – innerhalb des Sonnensystems oder innerhalb der Milchstraße bemerken wir davon nichts. Hier dominieren die Effekte der lokalen Gravitation, obwohl die Raumzeit auch hier lokal auseinandergezogen wird. Aber dieser Effekt wird von der Gravitation zunichte gemacht.

Einsteins Relativitätstheorie verrät uns, dass es nicht nur bei den Dellen bleiben muss. Zum einen gibt es Gravitationswellen (Kapitel 4.7), die sich im Kosmos in alle möglichen Richtungen ausbreiten. Sie treffen auch die Erde und „rütteln" unsere Raumzeit vor Ort durcheinander. Der Durchgang einer solchen Welle beeinflusst vorübergehend auch die Dellen in der Raumzeit. Zum anderen können Massen, z. B. Sterne, im Gravitationskollaps in sich zusammenfallen und noch kompaktere Gebilde hervorbringen (Kapitel 4.6). Im Extremfall entsteht so ein Schwarzes Loch. Ein Schwarzes Loch ist eigentlich keine Raumzeit-Delle mehr, denn die Krümmung der Raumzeit steigt bei ihnen ins Unermessliche an. Sie sind wahrhaftig Löcher in der Raumzeit. Solche Punkte heißen in der Relativitätstheorie **Singularitäten**, genauer gesagt **Krümmungssingularitäten**, echte oder intrinsische Singularitäten. Sie sind in dem Sinne „echt", dass es keine Methode gibt, um diese Singularität wieder loszuwerden.

Raumzeiten lassen sich mathematisch als Metrik (Kapitel 4.2) aufschreiben. Dabei kann es in einem oder mehreren Punkten in der Raumzeit („Ereignissen") dazu kommen, dass sich bei der Berechnung des Zahlenwerts der Krümmung eine „Division durch null" ergibt. Die Metrik lässt sich dann nicht zahlenmäßig auswerten, weil eine Division durch null in der Mathematik nicht definiert ist. Manchmal lässt sich dieses Problem lösen, indem man andere Koordinaten (Kapitel 2.2) wählt. Der gleiche Punkt in der Raumzeit lässt sich dann durch andere Zahlen ausdrücken, und in der Metrik kommt es nicht zu einer Division durch null. Wenn das geschieht, sich die Singularität also durch die Wahl anderer Koordinaten vermeiden lässt, dann spricht man von einer **Koordinatensingularität**. Bleibt die Singularität bestehen, egal, welche Koordinaten man auch benutzt, dann handelt es sich um eine echte Singularität oder Krümmungssingularität.

Der britische Mathematiker und Physiker Roger Penrose (geb. 1931) und der britische Astrophysiker Stephen W. Hawking (geb.

1942) entwickelten in den Jahren von 1965 bis 1970 eine Art Naturgesetz für die Singularitäten. Sie sind als **Singularitätentheoreme** bekannt geworden. Zunächst muss man sich klarmachen, unter welchen Bedingungen die Singularitätentheoreme gelten. Dazu sagen Penrose und Hawking:

1. Die Gravitation muss durch eine metrische Gravitationstheorie beschrieben werden, d. h., Gravitation wird als geometrische Eigenschaft einer Raumzeit und nicht als Schwerkraft interpretiert. Das ist bei der Allgemeinen Relativitätstheorie der Fall, aber das gilt auch für andere Gravitationstheorien.
2. Die sogenannte Bedingung für Energiedominanz muss gelten. Das bedeutet, dass die lokale Schallgeschwindigkeit nicht höher sein darf als die lokale Lichtgeschwindigkeit.
3. Schließlich soll das Kausalitätsprinzip (Kapitel 3.5) gelten, d. h., die Ursache kommt immer vor der Wirkung und nicht etwa umgekehrt.

Unter diesen drei Voraussetzungen folgern Penrose und Hawking, dass Krümmungssingularitäten nicht vermieden werden können. Es gibt dann Punkte in der Raumzeit, an denen Geodäten (Kapitel 4.3) enden. Viel schlimmer: In den Singularitäten brechen die Naturgesetze zusammen, d. h., in den Singularitäten können keinerlei Gesetze angewandt und keinerlei Prognosen gemacht werden. Überspitzt formuliert könnte man sagen, dass die Relativitätstheorie Punkte vorhersagt, an denen sie selbst ihre Gültigkeit verliert: in den echten Singularitäten.

Die Existenz von Krümmungssingularitäten lässt sich offenbar mathematisch zeigen, zumindest wenn man den Annahmen von Penrose und Hawking folgt. Aber haben Sie schon einmal eine Krümmungssingularität gesehen? Solche „sichtbaren" oder „nackten Singularitäten" wären Gebiete unendlicher Dichte oder Krümmung und wären von anderen Orten aus sichtbar. Penrose hatte die These aufgestellt, dass nackte Singularitäten verboten seien. Diese

These wird „kosmische Zensur" genannt. So wird die zentrale, echte Singularität eines Schwarzen Loches durch den Ereignishorizont verhüllt. Bis heute ist die „kosmische Zensur" eine ebenso unbewiesene wie unwiderlegte Hypothese.

Vom Standpunkt des beobachtenden Astronomen muss man sagen, dass auch astronomisch noch keine nackte Singularität beobachtet wurde. Die Gammastrahlenausbrüche oder Gammablitze wurden anfangs für sichtbare Singularitäten gehalten, aber es hat sich herausgestellt, dass diese Ausbrüche viel einfacher durch eine extreme Form von Sternexplosionen erklärt werden können. Selbst die Ereignishorizonte der Schwarzen Löcher wurden noch nicht beobachtet. Es gibt sehr viele Kandidaten für Schwarze Löcher im Weltall, aber bislang ist man nicht so nah herangekommen, dass man Ereignishorizont und/oder zentrale Singularität hätte zweifelsfrei nachweisen können.

Das lässt Raum für eine verblüffende, alternative Antwort: Singularitäten wurden noch nicht beobachtet, weil es sie gar nicht gebe. Das Auftreten von Singularitäten – von „Orten des Zusammenbruchs der Physik" – könnte uns signalisieren, dass mit der Theorie etwas nicht stimmt, dass wir womöglich den Gültigkeitsbereich der Theorie verlassen haben. Bei Einsteins Theorie dürfen wir nicht vergessen, dass es eine unquantisierte Theorie ist, d. h., sämtliche Konzepte der Quantenphysik wie Unschärfe, Quantelung etc. sind in Einsteins Relativitätstheorie nicht enthalten. Vielleicht treten in einer quantisierten Version von Einsteins Theorie keine Singularitäten mehr auf? Diesem Übergang zu modernen Theorien ohne Singularitäten, zu verschiedenen Varianten von sogenannten Quantengravitationstheorien, wollen wir uns in Kapitel 5 widmen.

? Ereignishorizont und Schwarzschild-Radius

Ein Horizont trennt Beobachtbares von Unbeobachtbarem. In der Allgemeinen Relativitätstheorie (ART) gibt es den Begriff des Ereignishorizonts. Alle Ereignisse vor dem Horizont sind sichtbar, alle ▶

▶ dahinter sind es nicht. Sehr anschaulich wird der Ereignishorizont bei Schwarzen Löchern. Sie verschlucken Materie und Licht, die ihnen zu nahe kommen. Die kritische Grenze ist gerade der Ereignishorizont. Man kann sagen, dass die absolute Schwärze der Schwarzen Löcher am Ereignishorizont beginnt. In Einsteins Theorie lässt sich das für verschiedene Schwarze Löcher ausrechnen. Solche, die nicht rotieren, werden durch die Schwarzschild-Lösung beschrieben. Diese Raumzeit wurde 1916 von Karl Schwarzschild als eine spezielle Lösung der Einstein-Gleichung der ART entdeckt. Der Ereignishorizont des Schwarzen Loches vom Schwarzschild-Typus hängt nur von der Masse ab, wächst linear mit der Masse an und wird Schwarzschild-Radius genannt. Man erhält ihn, wenn man die Masse mit dem Faktor zwei sowie der Newton'schen Gravitationskonstante multipliziert und durch das Quadrat der Vakuumlichtgeschwindigkeit teilt. Der Schwarzschild-Radius der Sonne mit Masse 2×10^{30} Kilogramm beträgt drei Kilometer. Anschaulich bedeutet das, dass man die Sonne auf etwa Stadtgröße zusammenquetschen müsste, um aus ihr ein Schwarzes Loch zu machen. Der Schwarzschild-Radius der Erde mit Masse 6×10^{24} Kilogramm beträgt neun Millimeter. Die komplette Erde – das Erdinnere, alle Ozeane, Kontinente, Städte, Menschen und auch die Schwiegermutter – müsste man auf Murmelgröße zusammenballen, um aus der Erde ein Schwarzes Loch zu machen.

Kapitel 5

Das neue Wesen von Raum und Zeit?

5.1 Jenseits bewährter Theorien

Die Physik des 20. Jahrhunderts war geprägt von zwei extrem erfolgreichen Theorien, die sich bis heute bewährt haben: die Relativitätstheorie und die Quantentheorie. Die Relativitätstheorie beschreibt den Makrokosmos sehr gut und erklärt die Entstehung und Entwicklung des Universums sowie insbesondere dessen Dynamik inklusive beschleunigter Expansion (Kapitel 4.8).

Der Zuständigkeitsbereich der Quantentheorie hingegen ist der Mikrokosmos. Sie beschreibt kleinste Bausteine der Materie – Atome, Atomkerne und Elementarteilchen – genauso gut wie die fundamentalen Kräfte in der Natur. Beide Theorien, Relativitätstheorie und Quantentheorie, machen präzise Vorhersagen, die sich exzellent bestätigt haben. Im Sinne der Wissenschaftstheorie und der Nomenklatur von Karl Raimund Popper folgend, müssen wir daher beide als *bewährte* Theorien bezeichnen.

Wissenschaft bleibt niemals stehen. Vorläufigkeit ist gerade eine wesentliche Eigenschaft, die untrennbar mit einer wissenschaftlichen Theorie verbunden ist. Eine naturwissenschaftliche Theorie ist solange im Gebrauch, bis sie ein Phänomen in der Natur nicht zu erklären vermag und eine bessere Theorie entdeckt wird, die das bislang unerklärliche Phänomen beschreibt. Idealerweise ist es so, dass die neue Theorie die alte Theorie als „Spezialfall" enthält. So ist es gerade bei der Newton'schen Gravitationstheorie und der Allgemeinen

Relativitätstheorie. Letztere enthält Erstere im Grenzfall schwacher Gravitation und geringen Relativgeschwindigkeiten. Das sogenannte Korrespondenzprinzip fordert gerade, dass ein solcher Übergang von einer übergeordneten Theorie in einen Spezialfall – der untergeordneten Theorie – möglich ist. Das funktioniert allerdings bei Allgemeiner Relativitätstheorie und Quantentheorie nicht. Sie scheinen bislang unvereinbar und stehen daher nebeneinander, ohne dass ein Übergang von Relativitäts- in Quantentheorie oder umgekehrt möglich scheint.

Es gibt allerdings keinen Grund zu glauben, dass der wissenschaftliche Fortschritt nun mit der Entdeckung von Relativitätstheorie und Quantentheorie abgeschlossen sei. Genauso wenig gibt es einen Grund zu glauben, dass sie unvereinbar seien. Das motivierte Physiker, in den letzten Jahrzehnten nach neuen physikalischen Theorien zu suchen und auch komplett neue Ansätze auszuprobieren.

Physiker können eine gute Abschätzung machen, wo die Effekte von Relativitätstheorie und Quantentheorie gleichermaßen wichtig werden, sodass weder von der einen noch von der anderen Theorie zuverlässige Aussagen zu erwarten sind. Das muss also der Bereich sein, wo eine neue **Quantengravitationstheorie** unerlässlich sein sollte. Hier kommt die sogenannte **Planck-Skala** ins Spiel, die auf den herausragenden Physiker und Nobelpreisträger Max Planck und das Jahr 1899 zurückgeht. Die Planck-Skala macht eine konkrete Aussage, ab welchen Energien, Massen, Dichten, Zeiten und Längen eine Quantengravitationstheorie eingesetzt werden muss. Dazu muss man zwei wesentliche Längenskalen von Allgemeiner Relativitätstheorie und Quantentheorie miteinander verbinden. Seitens Relativitätstheorie ist das der sogenannte **Gravitationsradius**, eine charakteristische, relativistische Längeneinheit, die sich aus den Naturkonstanten Vakuumlichtgeschwindigkeit c, Gravitationskonstante G und Masse M zu GM/c^2 berechnet. Je größer die betrachtete Masse M, umso größer ist der Gravitationsradius. Seitens der Quantentheorie ist es die sogenannte **Compton-Wellenlänge**, die nach dem US-amerikanischen Physiker und Nobelpreisträger Arthur Compton (1892–1962) benannt wurde. Die Compton-Wellenlänge ist umgekehrt proportional zur Masse des Teilchens. Sie berechnet sich

Tab. 5.1:   Die Zahlenwerte der Planck-Skala.

Planck-Größe	Zahlenwert
Planck-Masse	$2{,}2 \times 10^{-5}$ g
Planck-Energie	$1{,}2 \times 10^{19}$ GeV
Planck-Temperatur	$1{,}4 \times 10^{32}$ K
Planck-Dichte	$1{,}3 \times 10^{93}$ g cm^{-3}
Planck-Länge	$1{,}6 \times 10^{-35}$ m
Planck-Zeit	$5{,}4 \times 10^{-44}$ s

ebenfalls aus zwei Naturkonstanten und der Masse des betrachteten Teilchens zu h/(2πMc), wobei h das Planck'sche Wirkungsquantum und c wiederum die Vakuumlichtgeschwindigkeit sind. Gleichsetzen von Gravitationsradius und Compton-Wellenlänge liefert zunächst die Planck-Masse. Diese kann in weitere charakteristische Planck-Größen umgerechnet werden, die wir in Tabelle 5.1 zusammenfassen.

Vergleichen wir doch einmal diese Planck-Zahlen mit typischen Zahlenwerten, die anderswo im Weltall angenommen werden: Die angegebene Masse beispielsweise mutet harmlos an. Millionstel Gramm klingt nicht nach einem Extrem, eher nach der Masse eines Staubteilchens. Allerdings muss man diese Zahl vielmehr mit typischen Teilchenmassen bzw. -energien vergleichen. Das schwerste bekannte Elementarteilchen ist das Top-Quark mit 180 GeV Ruhemasse – das sind 17 Zehnerpotenzen Unterschied zur Planck-Energie! Die Planck-Temperatur ist ebenfalls eine heftige Zahl. Im Zentrum unserer Sonne herrschen ungefähr 15 Millionen Grad, demnach 25 Zehnerpotenzen Unterschied zur Planck-Temperatur. Die Planck-Dichte ist auch verblüffend hoch. Nehmen wir zum Vergleich einen Neutronenstern, in dessen Innern die größten Dichten erwartet werden. Kernphysiker erwarten im Zentrum von Neutronensternen Dichten von 10^{15} g/cm^3 – das sind 78 Zehnerpotenzen unterhalb der Planck-Dichte. Die aktuelle räumliche Auflösung geht hinunter bis in den subatomaren Bereich zu etwa 10^{-18} Metern, einem „Attometer". Die Planck-Länge ist um 17 Zehnerpotenzen kleiner. Schließlich ist die Planck-Zeit das untere Ende der Zeitskala

– kürzer als 10^{-44} Sekunden geht es nicht. Dagegen sind die 0,3 Sekunden eines Lidschlags und selbst die mittlerweile messtechnisch erreichbaren Attosekunden (10^{-18} s) eine Ewigkeit.

So extrem die Planck-Größen auch klingen, offenbar waren derartige Zahlenwerte charakteristisch für das ganz frühe Universum, so wie die Verhältnisse nahe am Urknall waren. Deshalb nennt man in der Kosmologie diese früheste Epoche auch **Planck-Ära**. Es macht aus der Sicht der Physik keinen Sinn, zu noch früheren Zeiten zu gehen, zu noch kürzeren Zeiten als der Planck-Zeit, weil dort eine physikalische Beschreibbarkeit zusammenbricht. Den Planck-Größen begegnen wir gleichermaßen, wenn wir tiefer und tiefer in den Mikrokosmos eindringen, nämlich bis zum Kleinsten, was wir kennen, um schließlich eine hypothetische Länge null zu erreichen. Das ist aber nicht möglich, wie uns die Planck-Skala nahelegt. Die kleinste, sinnvolle Länge der Physik ist die Planck-Länge von 10^{-35} Metern.

Offenbar müssen wir eine neue Physik bemühen, um diese frühen bzw. winzigsten Zustände korrekt zu beschreiben – eine Physik, die sowohl der Allgemeinen Relativitätstheorie als auch der Quantentheorie Rechnung trägt: eine Quantengravitationstheorie. In den nächsten Kapiteln soll es um die vielversprechendsten Anwärter der Quantengravitationstheorien gehen: die Stringtheorie und die Loop-Quantengravitation. Beide gehören noch nicht zu bewährten Theorien der Physik, aber sie haben uns einiges Neues über die Natur von Raum und Zeit zu sagen, sollten sich diese Theorien wirklich als richtig erweisen.

5.2 Mehr Raum? Räumliche Extradimensionen

Schon bald nach der Veröffentlichung der Allgemeinen Relativitätstheorie hatten Theoretiker den Versuch unternommen, die Theorie zu erweitern. Gunnar Nordström (1881–1923), Theodor Kaluza (1885–1954) und Oskar Klein (1894–1977) machten den Versuch,

Einsteins Allgemeine Relativitätstheorie mit der klassischen Elektrodynamik in einer Theorie zu verknüpfen, die in fünf Dimensionen formuliert wurde, vier Raumdimensionen und einer Zeitdimension. In dieser später Kaluza-Klein-Theorie genannten Theorie versuchten sie also gleichermaßen gravitative und elektromagnetische Kräfte zu beschreiben.

Der erste Ansatz dieser Art geht auf Nordström zurück, den er 1914 veröffentlichte. 1919 legte Kaluza Arbeiten vor, auf die Klein 1925 aufmerksam wurde und weiter ausbaute. Nordström und Kaluza verdanken wir den Ansatz mit einer räumlichen **Zusatzdimension**. Klein führte die **Kompaktifizierung** dieser Zusatzdimension ein. Damit konnte Klein erklären, weshalb die Zusatzdimension makroskopisch nicht beobachtbar war. Denn die 5. Zusatzdimension „lebt" auf einer viel kleineren Längenskala, der in Kapitel 5.1 eingeführten Planck-Länge. Diese Längenskala ist so klein, dass sie sich damals wie heute physikalischen Experimenten entzieht. Etwas salopp umschreibt man die Kompaktifizierung damit, dass man sich die Dimensionen auf kleinere Längen „aufgerollt" denken muss. 1926 wurde die Kaluza-Klein-Theorie mit Euphorie in der Fachwelt aufgenommen. Doch zeitgleich mehrten sich die Erfolge der Quantentheorie, einer Theorie, die auch elektromagnetische Phänomene hervorragend erklärte, aber mit den klassischen drei Raumdimensionen auskam. Das Interesse an der Kaluza-Klein-Theorie ebbte ab, doch in den 1970er- und 1980er-Jahren wurde sie im Rahmen der Entwicklung der Stringtheorie wiederbelebt.

Was könnte einen vernünftigen Forscher, der mit offenen Augen durch das Leben geht, dazu veranlassen, an einer Theorie Gefallen zu finden, die auf mehr als drei Raumdimensionen basiert? Denn wenn wir uns umschauen, bemerken wir ganz offensichtlich nur drei Raumdimensionen: Länge, Breite und Höhe. Nun, es gibt da eine Reihe von Merkwürdigkeiten, die die bewährten Standardtheorien der Physik nicht erklären können. Eine Merkwürdigkeit ist unter der Bezeichnung **Hierarchieproblem** in Lehrbüchern bekannt. Die Hierarchie bezieht sich hier auf die Stärke der fundamentalen Naturkräfte. Es ist in der Teilchenphysik möglich, die Stärke der Kräfte

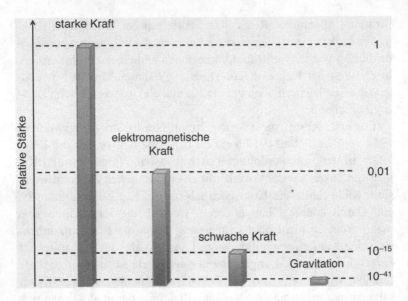

Abb. 5.2.1 Kräftemessen der vier Fundamentalkräfte der Physik. Die Gravitation ist bei Weitem die schwächste aller Kräfte und liegt viele Zehnerpotenzen unterhalb der Stärken der anderen Kräfte. Die Skala ist nicht maßstabsgetreu. © A. Müller

miteinander zu vergleichen. Physiker sprechen dabei von „Kopplungen". Die sogenannten **Kopplungskonstanten** sind ein Maß für die Stärke einer Kraft. Die Newton'sche Gravitationskonstante G kann als Kopplungskonstante der Gravitation aufgefasst werden. Der konsequente Vergleich der Stärke der Gravitation mit der starken, elektromagnetischen und schwachen Kraft ergibt einen erstaunlichen Befund.

Während die drei Letztgenannten verhältnismäßig nahe beieinander sind, ist die Gravitation mit Abstand die schwächste Naturkraft. Genau diese Besonderheit meint der Begriff Hierarchieproblem. Das hat zur Folge, dass die Physiker den Einfluss der Gravitation im Standardmodell der Teilchenphysik getrost vergessen können. Aber warum ist das so?

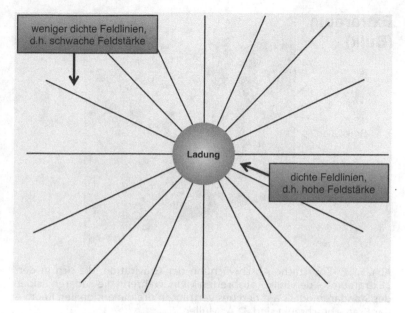

Abb. 5.2.2 Stärke eines Feldes im Feldlinienbild. Je dichter die Feldlinien beieinanderstehen, umso stärker ist dort das Feld. Das Feld nimmt in der Nähe der Ladung zu. © A. Müller

Man könnte diesen Befund als Zufall abtun und sich damit zufriedengeben. Es könnte aber auch sein, dass uns die Natur hier einen Hinweis auf einen sehr tiefsinnigen Sachverhalt gibt. Räumliche Extradimensionen bieten hierbei eine sehr elegante Erklärung. Die Idee besteht darin, dass uns das Hierarchieproblem vor Augen führt, dass es einen grundsätzlichen Unterschied zwischen der Gravitation und allen anderen Naturkräften gibt. Der Unterschied bestehe darin, dass die Gravitation in andere zusätzliche Raumdimensionen einzudringen vermag, wohingegen die anderen drei Naturkräfte auf die klassischen drei Raumdimensionen beschränkt seien. Das hat zur Konsequenz, dass sich die Gravitation sozusagen „ausdünnt". Das wird im Feldlinienbild der Kräfte sofort einsichtig. Je dichter Feldlinien beieinanderstehen, umso stärker ist an diesen Stellen das

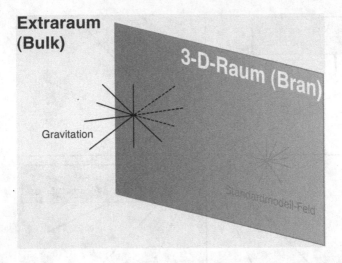

Abb. 5.2.3 Zusätzliche Abschwächung der Gravitation, die sich in den „Extraraum" – den Bulk – ausbreiten kann, während die anderen Felder des Standardmodells auf den uns vertrauten dreidimensionalen Raum – der Bran – beschränkt sind. © A. Müller

Feld. Mit dem Abstand von einer Punktquelle, die das Feld erzeugt, nimmt die Dichte der Feldlinien ab.

Die Feldstärke nimmt mit dem Abstand zur Quelle ab, so wie es die Erfahrung z. B. beim Gravitationsfeld bestätigt. Nehmen wir an, die Gravitation breitet sich in Zusatzdimensionen aus. Dann gibt es die Feldlinien auch in den Extradimensionen, und das Feld schwächt sich damit zusätzlich ab.

Als Konsequenz ist die Gravitation also noch schwächer und im Vergleich zu anderen Naturkräften, die sich nicht in die Zusatzdimensionen ausbreiten, deutlich schwächer. Das würde das Hierarchieproblem erklären.

Im Rahmen der Stringtheorie wurden dazu spezielle Begriffe eingeführt. Die Gesamtheit des Raums aus klassischen drei Raum- plus räumliche Zusatzdimensionen heißt **Bulk**. Der entsprechende „kleinere Raum" (*Unterraum*), der nur von den klassischen drei Raumdimensionen aufgespannt wird, heißt **Bran**, einem Kunstwort, das sich von Membran ableitet.

Wenn es nun die räumlichen Zusatzdimensionen tatsächlich gibt, wo sind sie dann? Klein hat bereits dazu in den 1920er-Jahren einen reizenden Vorschlag gemacht, der diese Frage beantwortet. Die Extradimensionen sind „versteckt", das bedeutet, dass wir auf unserer makroskopischen Skala keine Chance haben könnten, sie zu entdecken, weil sie sich erst auf deutlich kleineren (oder größeren) Längenskalen bemerkbar machen. Um das zu überprüfen, müssen die Experimentalphysiker ein bekanntes Kraftgesetz auf verschiedenen Längenskalen testen. Genau diese Anstrengungen wurden in den letzten Jahren beim Newton'schen Gravitationsgesetz unternommen. Die Aufgabe besteht lediglich darin zu überprüfen, wie sehr sich zwei Probemassen anziehen. Das Newton-Gesetz macht die klare Vorhersage, dass bei Verdopplung des Abstands sich die beiden Massen nur noch mit einem Viertel der Kraft anziehen („die Gravitationskraft fällt mit dem Abstandsquadrat ab"; Kapitel 2.4). Die Schwierigkeit besteht darin, solche Tests bei sehr unterschiedlichen Abständen durchzuführen. Das bringt den Experimentator schnell an seine Grenzen, denn er muss das Gravitationsgesetz nicht nur im Bereich von Millimetern, Zentimetern und Metern überprüfen, sondern auch im Bereich von Kilometern, Astronomischen Einheiten, Lichtjahren, Milliarden Lichtjahren sowie Mikrometern, Nanometern, Pikometern, Femtometern usw. Dabei kommen ganz unterschiedliche Testmassen zum Einsatz: Planeten, Sterne, Galaxien oder Staubkörner, Atome, Elementarteilchen. Am makroskopischen Ende konnten die Kosmologen bislang bestätigen, dass sich die gravitative Anziehung von Galaxienhaufen bestens mit Einsteins Allgemeiner Relativitätstheorie beschreiben lässt, also mit einer Theorie, die ohne Extradimensionen auskommt (allerdings benötigen sie Dunkle Materie und Dunkle Energie). Am mikroskopischen Ende gab es Durchbrüche in den letzten Jahren: Teilchenphysikern ist es gelungen zu überprüfen, wie die Gravitationskraft auf Neutronen im Mikrometerbereich wirkt. Dabei fanden sie keine Abweichungen vom klassischen Newton-Gesetz bis hinunter zu einigen zehn Mikrometern Abstand. Sollte es also Extradimensionen geben, dann werden sie erst auf noch kleineren Abständen spürbar – wie klein, ist unklar. Im schlimmsten Fall müsste man hinunter bis zur Planck-Skala, eine Längenskala, die weit davon entfernt ist, dass sie experimentell zugänglich wäre.

Die Extradimensionen haben weitere wichtige Konsequenzen für die Fundamentalphysik. Die Planck-Skala (Kapitel 5.1) würde sich ebenfalls verändern. Je nachdem, wie viele weitere räumliche Extradimensionen existieren, kann die außergewöhnlich hohe Planck-Masse in experimentell greifbare Bereiche reduziert werden. Sie heißt dann **reduzierte Planck-Skala.** Es wäre denkbar, dass am aktuell leistungsfähigsten Teilchenbeschleuniger, dem Large Hadron Collider (LHC) am CERN bei Genf, Extradimensionen nachgewiesen werden könnten. Entweder durch das Auftreten von Schwarzen Mini-Löchern („Schwarze Löcher" von A. Müller) oder weil Teilchen oder andere Formen von Energie in die Zusatzdimensionen verschwinden. Physiker würden dann eine Verletzung des Energieerhaltungssatzes messen, der sich bisher immer bewahrheitet hat. Aktuell (Sommer 2012) gibt es keine Erfolgsmeldung zum Nachweis von räumlichen Zusatzdimensionen.

5.3   Gibt es Längen- oder Zeitquanten?

Im Rahmen der Newton'schen und Einstein'schen Physik sind Länge und Zeit kontinuierliche Größen, d. h., Länge und Zeit können beliebige Zahlenwerte annehmen. Auch die Raumzeit ist ein kontinuierliches Gebilde. Das ist nicht selbstverständlich. In der Quantenphysik gibt es eine Reihe von physikalischen Größen, die nur Vielfache eines kleinsten Wertes annehmen können. Solche Größen sind diskretisiert oder quantisiert, wie die Physiker sagen. Die moderne Quantenphysik brachte Quantenfeldtheorien hervor, die sehr erfolgreich und mit unglaublicher Präzision drei der vier Naturkräfte beschreiben, nämlich elektromagnetische, starke und schwache Kraft – aber nicht die Gravitation. Die drei quantisierten Naturkräfte ohne Gravitation werden zum Standardmodell der Teilchenphysik zusammengefasst. Dabei bleiben Raum und Zeit kontinuierliche Größen. Wäre es sinnvoll, eine physikalische Theorie zu formulieren, in der die Gravitation ebenfalls quantisiert ist? Wie müsste eine solche Theorie ausschauen? Was geschieht dabei mit Raum und Zeit? Es gibt einen Zugang, der sich diesem Problem aus der Richtung der Allgemeinen Relativitätstheorie annähert. Die Gravitationstheorie, die daraus resultierte, heißt **Loop-Quantengravitation** (LQG; manchmal auch Schleifen-Quantengravitation, oder kurz Schleifengravitation, Schleifentheorie), um die es nun gehen soll.

Ein Prinzip der Allgemeinen Relativitätstheorie besagt, dass die Geometrie der Raumzeit nichts Statisches ist, sondern dynamisch über die Wirkung der Materie- und Energieformen entsteht und sich im Prinzip ständig ändert. Diese Eigenschaft heißt auch **Hintergrundunabhängigkeit** (mathematisch: Diffeomorphismeninvarianz). Betrachtet man die eingangs erwähnten Quantenfeldtheorien des Standardmodells der Teilchenphysik, so muss man feststellen, dass sie im Gegensatz dazu hintergrund*abhängig* sind. Die Raumzeit wird nämlich dort als starre, unveränderliche „Bühne" aufgefasst, was auch bedeutet, dass Rückwirkungen der Materie auf die Raumzeit unberücksichtigt bleiben. Das ist natürlich nicht im Sinne der Allgemeinen Relativitätstheorie. Die Nichtlinearität der Einstein'schen Feldgleichung drückt gerade aus, dass Materie bzw. Energie direkt die Raumzeit verformen und umgekehrt die gekrümmte, dynamische Raumzeit Materie bzw. Energie rein geometrisch in eine bestimmte Richtung drücken.

Die Loop-Quantengravitation ist eine Variante für die Quantisierung der Gravitation. Sie verknüpft Elemente der Allgemeinen Relativitätstheorie mit der Quantenfeldtheorie unter Beachtung der Hintergrundunabhängigkeit. Sie wird manchmal auch als **Quantengeometrie** bezeichnet, was bedeutet, dass die Geometrie (Raumzeit) einer Quantisierung unterzogen wird. Das kann in einigen Formen von Quantengeometrien dazu führen, dass Raum und Zeit nicht mehr beliebige Zahlenwerte annehmen können, sondern quantisiert sind. Ein Theoretiker, der als einer der wesentlichen Pioniere der Loop-Quantengravitation angesehen werden kann, ist Abhay Ashtekar. Ende der 1990er-Jahre fand er mathematische Größen, die mittlerweile nach ihm Ashtekar-Variablen genannt werden. Sie erlauben es, die Allgemeine Relativitätstheorie in die mathematische Sprache einer Quantenfeldtheorie umzuformulieren. Das hat den entscheidenden Vorteil, dass bereits bekannte Quantisierungsmethoden unmittelbar auf die neue Quantengravitationstheorie übertragen werden können. In der Quantenfeldtheorie der starken Wechselwirkung, der Quantenchromodynamik (QCD), gibt es ebenfalls Variablen, die zur Quantisierung der starken Kraft benötigt werden. Sie heißen Wilson-Loops. Diese Loops findet man in ähnlicher Weise in der neuen Quantengravitationstheorie, was ihr den Namen Loop-Quantengravitation verlieh. Mithilfe der Ashtekar-Variablen lässt sich eine quantisierte Variante der Einstein'schen Feldgleichung formulieren. Diese neuen „Quanten-Einstein-Gleichungen" gehen auf Thomas Thiemann zurück.

Wie verändert sich nun die klassische, kontinuierliche Raumzeit, wenn wir zur Loop-Quantengravitation übergehen? Die entscheidende Skala, bei der die Quantisierung relevant wird, ist wie in Kapitel 5.1 beschrieben die Planck-Skala. Makroskopisch, also „aus der Ferne" betrachtet, erscheint die Raumzeit zunächst kontinuierlich. Zoomt man jedoch heran bis hinunter zur Planck-Skala, dann fordert die Schleifengravitation die Existenz einer „körnigen Struktur" des Raums. Eine schöne Analogie ist der Vergleich mit dem Pointilismus, einer Maltechnik, wie sie vor allem in der Spätphase des Impressionismus im ausgehenden 19. Jahrhundert verwendet wurde. Jedes Gemälde besteht dabei aus einzelnen, farbigen Punkten. Aus der Nähe betrachtet sieht man nur ein Gewirr aus kleinen Punktklecksen. Schaut man sich das Werk aus großer Entfernung an, verschwimmen die Punkte zu Flächen und Figuren – zu einem Bild. Die Abbildung 5.3.1 zeigt das Ölgemälde „Un dimanche après-midi à l'Île de la Grande Jatte" des französischen Künstlers Georges Seurat (1859–1891), das im Stil des Pointilismus angefertigt wurde.

Abb. 5.3.1 Ölgemälde „Un dimanche après-midi à l'Île de la Grande Jatte" des französischen Künstlers Georges Seurat. © akg-images / Erich Lessing

Genauso wie die Körnung des pointilistischen Werks durch Heranzoomen zutage tritt, kann man sich den Übergang von klassischer, kontinuierlicher Raumzeit der Relativitätstheorie in körnige, diskrete Raumzeit der Loop-Quantengravitation vorstellen.

Nun wollen wir noch etwas quantitativer werden, um ein Gefühl für die Feinheit der Körnung einer diskretisierten Raumzeit zu bekommen. Gemäß der Loop-Quantengravitation ist eine Quantisierung der räumlichen Länge, der Fläche und des Volumens zu erwarten. Die Winzigkeit der Quantisierung wird uns verblüffend vor Augen geführt, wenn wir eine Fläche von Daumennagelgröße (ca. 1 cm²) betrachten. Sollte die Planck-Länge von 10^{-33} cm die typische Größe der „Raumatome" vorgeben, dann besteht der Daumennagel aus $10^{33} \times 10^{33} = 10^{66}$ „Flächenquanten". Das ist eine unglaublich große Zahl, d. h., die Quantisierung der Fläche ist unglaublich fein. Zum Vergleich: Im sichtbaren Universum gibt es ungefähr 10^{22} Sterne.

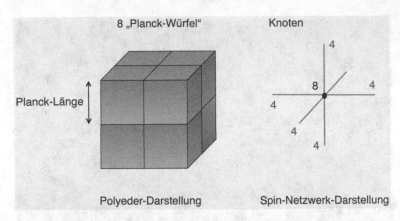

Abb. 5.3.2   Polyeder-Darstellung von Spin-Netzwerken. © A. Müller

Die quantisierte Raumzeit kann man sich vorstellen wie eine komplexe, „polymerartige" Struktur, die aus eindimensionalen Kanten besteht. Sie heißt **Spin-Netzwerk**. Anfang der 1970er-Jahre hatte bereits Roger Penrose über einen mehr kombinatorischen Zugang zur Darstellung von Raumzeiten in der Gravitationstheorie nachgedacht. Dieses Netzwerk offenbart eine sehr abstrakte Sichtweise auf die Gravitation. Es besteht aus einer Vielzahl von Kanten bzw. Flächen, von denen jede durch eine Quantenzahl („Spinquantenzahlen") charakterisiert wird.

Die Abbildung 5.3.2 stellt die Vorgehensweise vor. Nehmen wir an, dass der Raum (nicht die Raumzeit!) in Raumquanten zerlegt ist. Die Quantisierungslängenskala soll die Planck-Länge sein. Entsprechend nehmen wir Planck-Flächen („Flächenquanten") und Planck-Volumina („Volumenquanten") an. Ein beliebiges, vorgegebenes Raumvolumen besteht dann aus einer endlichen Anzahl von Volumenquanten. Das würfelförmige Volumen in Abbildung 5.3.2 besteht aus genau acht „Planck-Würfeln" oder Volumenquanten. Diese sogenannte Polyeder-Darstellung kann man umschreiben. An dieser Stelle wird klar, was mit dem kombinatorischen Zugang nach Penrose gemeint ist. Im Zentrum steht hier ein Knoten, der mit einer

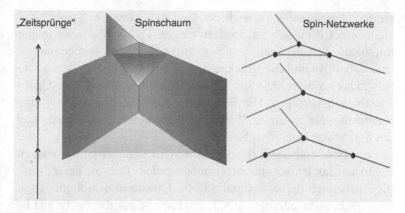

Abb. 5.3.3   Spinschaum und Zeitsprünge. © A. Müller

Quantenzahl versehen wird, die der Anzahl der angrenzenden Volumenquanten entspricht, in unserem Beispiel acht. Das komplette, würfelförmige Volumen wird durch die sechs quadratischen Flächen begrenzt. In der Spin-Netzwerk-Darstellung zeichnen wir ausgehend vom Knoten für jede der sechs Flächen eine Linie. An jeder Linie stehen weitere Quantenzahlen, und zwar exakt die Anzahl der Flächenquanten, auf die die Linie bei der entsprechenden Fläche trifft, hier sind das vier Flächenquanten. So lässt sich jedes Raumvolumen in einer Polyeder- oder einer Spin-Netzwerk-Darstellung skizzieren, und man kann daraus die Quantisierung des Raums ablesen.

Wie kommt nun die Zeit ins Spiel? Ein Spin-Netzwerk stellt im Prinzip eine Momentaufnahme des quantisierten Raums dar. Ein Voranschreiten der Zeit um einen nächsten „Tick" führt in der Regel zum Umbau der Kanten und Flächen der Polyeder-Darstellung und ändert die oben genannten Quantenzahlen der Spin-Netzwerk-Darstellung. Damit ändert sich das komplette Netzwerk. In der Zeitentwicklung formt sich so ein schaumartiges Gebilde, der sogenannte **Spinschaum.**

Mithilfe dieses abstrakten Zugangs kann man also das Wesen einer sich ständig ändernden Quantenraumzeit ein Stück weit begreifen. Faszinierend ist auch der Gedanke, dass der Spinschaum nicht *in* der Raumzeit ist, sondern es gilt: Der Spinschaum *ist* die Raumzeit. Teilchen aus dem Standardmodell der Teilchenphysik sind dabei dynamische Objekte, die „auf den Spin-Netzwerken leben". Das bedeutet, dass sie den Knoten und Linien weitere Quantenzahlen hinzufügen. Die Bewegung eines Teilchens durch eine Raumzeit wäre in dieser abstrakten Denkweise eine Veränderung des Satzes von Quantenzahlen.

Die Gesetzmäßigkeiten der Loop-Quantengravitation können sogar auf das Universum angewandt werden. Dies ist der Zuständigkeitsbereich der sogenannten **Loop-Quantenkosmologie** (engl. loop quantum cosmology, LQC). Ein Experte auf diesem Gebiet ist Martin Bojowald (Buch „Zurück vor den Urknall", Fischer Frankfurt 2010). Die Quanten-Einstein-Gleichungen werden mit kosmologischen Annahmen (u. a. dem kosmologisches Prinzip) in Verbindung gebracht und können dann dazu benutzt werden, Aussagen über den Ursprung des Universums zu machen. Dabei wurden im Rahmen der neuen Theorie sehr verblüffende Entdeckungen gemacht.

Ein Ergebnis der Loop-Quantenkosmologie ist, dass die von der Einstein'schen Theorie vorhergesagte Urknallsingularität verschwindet! Denn gemäß der neuen Theorie gibt es in den frühesten kosmischen Entwicklungsphasen eine neue, abstoßende Kraft, die der quantisierten Raumzeit entspringt. Dieser „Quanten-Rückstoß" setzt bei Materiedichten von ungefähr 0,4 Planck-Dichten (Kapitel 5.1) oder 2×10^{93} g cm^{-3} ein. Im Prinzip sagt die Schleifengravitation voraus, dass die Gravitation selbst auf der Planck-Skala abstoßend wird. Damit erklärt sie „nebenbei" auch sehr elegant die frühe kosmische Ausdehnungsphase namens Inflation. Bei kleinen Skalen war die Quantengravitation abstoßend, und später, bei größeren Skalen, erfolgte der Übergang in die Einstein'sche Gravitation, die anziehend ist. Nicht nur die Urknallsingularität, auch die Krümmungssingularitäten der Schwarzen Löcher verschwinden im Rahmen der Loop-Theorie.

Das sind alles äußerst spannende Vorhersagen einer neuen Quantengravitationstheorie. Natürlich fordert es die Physiker heraus, diese

Prognosen auch im Experiment zu testen. Dazu gibt es bereits erste Resultate zu vermelden. Die Lorentzinvarianz (Kapitel 4.3, Kasten „Was ist Lorentzinvarianz?") ist eine der zentralen Eigenschaften der Relativitätstheorie. Sie besagt, dass alle Beobachter die gleiche Lichtgeschwindigkeit im Vakuum messen. Theorien zur Quantengravitation legen nahe, dass es eine fundamentale Längenskala gibt, bei der die Quanteneffekte wichtig werden und die Lorentzinvarianz nicht mehr gilt, z. B. bei der Planck-Länge. Lichtwellen würden sich dann unterschiedlich schnell ausbreiten, je nachdem, welche Farbe sie haben. Das steht im Gegensatz zur Relativitätstheorie und ist damit ein wesentlicher Test für die Quantengravitation. Die Astronomie bietet ideale Objekte an, um die Schnelligkeit verschiedenfarbiger Lichtwellen zu messen, nämlich Gammablitze. Es handelt sich um entfernte Explosionen massereicher Sterne, bei denen ein Schwarzes Loch entsteht. Glücklicherweise kommt es im Gammablitz zum gleichzeitigen Aussenden verschiedenfarbiger Strahlung im sogenannten Nachleuchten. Im Jahr 2009 ist es mit dem Fermi-Satellit der NASA gelungen, die Lichtausbreitung des Gammablitzes GRB 090510 und seinem Nachleuchten zu messen. Zur Erschütterung einiger Quantengravitationstheoretiker konnte jedoch kein Unterschied bei der Lichtausbreitung gemessen werden, d. h., bislang gibt es keine Hinweise auf eine Verletzung der Lorentzinvarianz. Damit scheiterte zunächst der Nachweis einer quantisierten, körnigen Raumzeit. Es gibt allerdings noch keinen Grund, aufzugeben. Weitere Messungen werden folgen.

Die Schleifengravitation und andere neue Gravitationstheorien werden zurzeit intensiv von vielen Forschungsgruppen weltweit erforscht. Wie sie in die klassischen Theorien, Allgemeine Relativitätstheorie und Quantenfeldtheorie, übergeht, ist noch nicht im Detail verstanden, aber auch hier gab es in den letzten Jahren Fortschritte.

Der erkenntnistheoretische Gehalt für unser Verständnis von Raum und Zeit wäre natürlich enorm, sollten sich in der Natur Hinweise auf die Loop-Quantengravitation finden lassen. Sowohl der Raum als auch die Zeit wären quantisiert, sodass man irgendwann eine fundamentale Grenze kommen würde. Hinsichtlich des Raums wäre dann klar, dass es „Raumatome", fundamentale Einheiten von Länge, Fläche und Volumen gäbe. Die Zeit würde sich tatsächlich so verhalten, wie wir es beim Betrachten eines Zeigers auf dem Zifferblatt einer Uhr wahrnehmen: Die Zeit macht Sprünge.

5.4   Ausblick auf die Forschung

Die Physiker lebten vor rund hundert Jahren in einer sehr spannenden Zeit für Forscher. Interessanterweise war ihnen das zunächst nicht bewusst. Denn das naturwissenschaftliche Weltbild der Physik schien abgeschlossen. Klassische Mechanik, Wärmelehre und Elektrodynamik sowie Strahlen- und Wellenoptik waren sozusagen ausgereift und hatten sich in der Beschreibung der unbelebten Natur bewährt. Dieses durch Grundlagenforschung erworbene Wissen zog in den Alltag ein und veränderte die Gesellschaft. Das ausgehende 19. und die Wende zum 20. Jahrhundert waren gekennzeichnet von der Industrialisierung, u. a. der vielfältigen Nutzung von Dampfmaschinen, der Elektrifizierung inklusive künstlichem Licht und vielen weiteren nützlichen Anwendungen. Es war eine Zeit des wirtschaftlichen Aufschwungs. Man hätte sich zurücklehnen und die Früchte der Forschung genießen können, doch Forschung steht niemals still. Die Jahrhundertwende markiert auch einen Wendepunkt in der Physik, der von theoretischer Seite angestoßen wurde. Ganz unverhofft ergaben sich revolutionäre neue Erkenntnisse, die zu den großen physikalischen Theorien des 20. Jahrhunderts führten: Relativitäts- und Quantentheorie. In den folgenden Jahrzehnten des 20. Jahrhunderts wurden diese Theorien von vielen Forschern weltweit weiter ausgearbeitet. Sogar heute noch sind wir in unserer modernen Technologie- und Wissensgesellschaft Nutznießer dieser Erfolge. Jede der beiden Theorien erklärt die Natur in ihrem Zuständigkeitsbereich extrem gut und macht präzise Vorhersagen: die Relativitätstheorie im Makrokosmos und die Quantentheorie im Mikrokosmos.

Jetzt, gut hundert Jahre nach der Geburtsstunde dieser beiden großen physikalischen Theorien, befinden wir uns in einer ganz ähnlichen Situation. Grundlagenforschung ist damals wie heute ein Wirtschaftsfaktor. Sie ist auch unbedingte Voraussetzung, um Innovationen zu fördern. Wir könnten uns damit zufriedengeben und weiterhin die Früchte der Relativitäts- und Quantentheorie ernten. Im Unterschied zur Jahrhundertwende damals konstatieren wir heute eine Reihe von Rätseln, die fast alle in der experimentellen Forschung entdeckt wurden.

- Beim Vergleich der Stärken der vier fundamentalen Naturkräfte stellen wir fest, dass drei in etwa vergleichbare Stärken aufweisen, aber die Gravitation viel, viel schwächer ist (Kapitel 5.2). Was ist die Erklärung für dieses Hierarchieproblem?
- Im Verlauf des 20. Jahrhunderts entdeckten Astronomen bei der Beobachtung von Galaxien und Galaxienhaufen, dass die Dynamik nicht aus der Menge der sichtbaren Materie zu erklären ist. Es wurde die Existenz einer neuen Materieform gefordert, der sogenannten Dunklen Materie. Bis heute ist nicht klar, was sich dahinter verbirgt. Sind es neue massereiche, schwach wechselwirkende Teilchen, sozusagen schwere Geschwister der Neutrinos?
- 1998 wurde anhand astronomischer Beobachtungen sehr weit entfernter Sternexplosionen klar, dass unser Universum sich ganz anders entwickelt, als bislang angenommen wurde. Diese Entdeckung war so umwälzend, dass sie 2011 mit dem Nobelpreis für Physik prämiert wurde. Es handelt sich dabei um den Nachweis der beschleunigten kosmischen Ausdehnung. Unser Kosmos wird immer schneller, immer größer; eine Entwicklung, die nach dem, was wir heute wissen, nicht aufgehalten werden kann (Kapitel 3.7). Einstein hatte zwar keine Kenntnis von der beschleunigten Expansion, aber er führte in die theoretische Kosmologie die kosmologische Konstante ein, die mathematisch die beschleunigte Ausdehnung erklärt. Sie wird heutzutage als eine Form der sogenannten Dunklen Energie betrachtet. Aber was ge-

nau die physikalische Natur der Dunklen Energie ist, ist bis heute ein Rätsel.

- Wenn wir morgens aufstehen und auf die uns umgebende Welt blicken, müssten wir uns eigentlich sehr wundern. Wir leben in einer Welt, die angefüllt ist mit Materie. Wir sind keine Lichtwesen, die in einer Welt aus Strahlung leben. Wir leiden auch nicht darunter, dass von irgendwoher im Weltall große Mengen Antimaterie auf die Erde regnen, sich Materie und Antimaterie gegenseitig vernichten und ein Meer aus Strahlung zurücklassen. Astronomische Beobachtungen belegen, dass die Materie eindeutig die Oberhand hat und nur geringe Mengen Antimaterie da draußen vorkommen. Wie kommt es zu diesem Missverhältnis, dieser seltsamen Materie-Antimaterie-Asymmetrie?

- Ein letztes der großen Rätsel der modernen Physik sind die Krümmungssingularitäten (Kapitel 4.9), also Erscheinungen, denen wir in der theoretischen Physik begegnen. Sie markieren gleichwohl Endpunkte der Erklärbarkeit, weil in ihnen die gegenwärtigen Gesetze der Physik versagen. Auf der einen Seite haben wir die Singularitätentheoreme, also mathematische Gesetze, die die Existenz von Krümmungssingularitäten zwingend fordern. Und wie schrieb Hawking in seiner „Kurzen Geschichte der Zeit" (S.72): „Es lässt sich schlecht streiten mit einem mathematischen Theorem." Aber Physiker sind auf der anderen Seite nicht Typen, die die Hände in den Schoß legen und sich mit der Grenze einer Theorie zufriedengeben. Dann muss eben eine neue Theorie her, die die Grenzen der Erklärbarkeit aufzulösen vermag.

Diese Auswahl an Rätseln belegt eindeutig, dass unser physikalisches Verständnis der Welt unvollständig ist. Wir müssen über die bewährten Theorien – Relativitätstheorie und Quantentheorie – hinausgehen, um diese Rätsel zu lösen. Wo stehen wir gegenwärtig, und wohin bewegen sich unser physikalisches Weltbild und damit unser Verständnis von Raum und Zeit?

Auf dem Gebiet der Teilchenphysik ist das Standardmodell der Teilchenphysik etabliert. Die fundamentalen Bausteine der Materie sind Quarks und Leptonen (Abbildung 3.6.2). Das Standardmodell basiert auf drei Fundamentalkräften: elektromagnetische, starke und schwache Kraft. Alle Kräfte können quantenfeldtheoretisch formuliert und durch den Austausch von „Botenteilchen" zwischen verallgemeinerten Ladungen gedeutet werden. Die Botenteilchen heißen Photonen, Gluonen sowie W- und Z-Bosonen. Die Massen all dieser Teilchen können nur mit einem zusätzlichen Teilchen erklärt werden, dem Higgs-Teilchen. Dieses Teilchen wurde am Teilchenbescheuniger LHC am CERN offenbar kürzlich entdeckt. Jenseits dieser Standardtheorie wird „neue Physik" vermutet. Dazu gehört die Supersymmetrie, ein Modell, das schlagartig die Anzahl bekannter Teilchen verdoppelt, weil zu jedem Teilchen die Existenz eines supersymmetrischen „Spiegelpartners" gefordert wird. Bislang wurde noch kein supersymmetrisches Teilchen entdeckt. Es wäre ein wunderbarer Kandidat für die astronomisch beobachtete Dunkle Materie.

Eine Physik jenseits des Standardmodells der Teilchenphysik könnte auch die rätselhafte Materie-Antimaterie-Asymmetrie erklären. Derzeit laufen sowohl Anstrengungen in der theoretischen als auch experimentellen Physik, um das zu klären. Ein gängiger Ansatz in der Theorie ist unter der Bezeichnung **Große Vereinheitlichte Theorien (GUT)** bekannt. Sie besagt, dass im frühen Universum drei der vier Naturkräfte miteinander zu einer Kraft „verschmelzen". Die mittlere Temperatur bzw. die mittlere Energie der Teilchen nimmt zu, wenn wir von unserem lokalen Universum in das frühe Universum zurückgehen. Die Quantenfeldtheorie stellt Methoden bereit, um diesen Übergang zu bewerkstelligen. Bei diesem von Experten **Vereinheitlichung (Unifikation)** genannten Vorgang gleichen sich auch die Stärken der Kräfte allmählich an. Anders gesagt: Die im lokalen Universum unterschiedlichen Kopplungskonstanten der drei Kräfte (Kapitel 5.2) sind gar nicht konstant, sondern variabel und werden mit steigender mittlerer Temperatur identisch. Die neue GUT-Kraft, die aus den drei uns vertrauten Naturkräften hervorgeht, heißt X-Kraft. Die GUT sagen auch neue, sehr schwere Teilchen voraus, die X- und Y-Bosonen (Leptoquarks) genannt wurden. Am Ende der GUT-Ära, als das Universum mehr und mehr abkühlte, besagen die GUT, dass X- und Y-Bosonen in die uns bekannten Leptonen und Quarks zerfallen sollen. Diese Zerfälle sollen allerdings asymmetrisch sein, d. h., es entstehen *ungleiche Mengen* von Materie und Antimaterie. Der Vorzug der Großen Vereinheitlichten Theorien besteht darin, dass sie elegant das beobachtete Missverhältnis von Materie und Antimaterie erklären. Bislang ist es jedoch nicht gelungen, dies experimentell zu testen, weil das Energieniveau deutlich über den normalen Verhältnissen im Weltall liegt. Typische GUT-Energien liegen im Bereich von 10^{16} GeV – also nur drei Zehnerpotenzen unterhalb der ebenso wenig erreichbaren Planck-Skala. Irdische Experimente sind weit davon entfernt, auch nur in die Nähe dieser Energiebereiche zu kommen.

Wie bereits ausgeführt (Kapitel 5.2), kann das Hierarchieproblem gelöst werden, wenn man weitere Raumdimensionen als die uns bekannten drei fordert. Diese Extradimensionen kommen natürlicherweise in der Stringtheorie bzw. M-Theorie vor. Der theoretische Ansatz ist vielversprechend, aber bisher gibt es keinen Nachweis für die Extradimensionen. Im Wesentlichen gibt es zwei Arten von Experimenten, um das zu testen: Erstens die exakte Messung der Gravitationskräfte im mikroskopischen Bereich. Zweitens die genaue Rekonstruktion von Teilchenkollisionen in Teilchenbeschleunigern und die Bestätigung des Energieerhaltungssatzes. Beide geben bislang keine Hinweise auf die Existenz der Extradimensionen bzw. wenn sie existieren sollten, dann offenbar auf noch kleineren Längenskalen als dem Mikrometerbereich.

Die beschleunigte Expansion des Universums ist ein Befund, der nun seit mehr als zehn Jahren bekannt ist. In der „Mainstream-Kosmologie" wird die beschleunigte Ausdehnung mit einer neuen Energieform erklärt, die antigravitativ wirkt: die Dunkle Energie. Abseits dieses favorisierten Modells gibt es bereits viele alternative Erklärungen, die einen Zusammenhang zwischen Dunkler Energie und Dunkler Materie vermuten (sogenanntes Chaplygin-Gas) oder die sogar gänzlich ohne Dunkle Energie auskommen und die die beschleunigte Expansion als Folge der großräumigen Materieverteilung im Kosmos ansehen. Der Befund der beschleunigten Ausdehnung liegt offenbar unumstößlich auf dem Tisch, doch eine physikalische Erklärung ist nicht in Sicht. Viele neue astronomische Experimente wurden auf den Weg gebracht, und einige davon liefern schon bald neue Messdaten. Es bleibt zu hoffen, dass wir damit einer Erklärung auf die Spur kommen.

Die Krümmungssingularitäten der Allgemeinen Relativitätstheorie und die Eigenschaft von Einsteins Theorie, unquantisiert zu sein, stimulieren die Suche nach neuen Gravitationstheorien. Es gibt mittlerweile einen bunten Strauß sehr unterschiedlicher neuer Gravitationstheorien. Darunter sind insbesondere einige Varianten ins Rennen gebracht worden, die eine quantenphysikalische Beschreibung der Gravitation erlauben. Eine Theorie, die Loop-Quantengravitation, haben wir näher im letzten Kapitel kennengelernt, weil sie äußerst interessante Konsequenzen für unser Verständnis von Länge, Zeit und Raum hat. Die Stringtheorie bietet ebenfalls eine quantisierte Sicht auf die Schwerkraft an, eine, die recht nah am Verständnis von Wechselwirkungen im Rahmen der Quantenfeldtheorien ist. Denn die Stringtheorie fordert auch für die Gravitation Botenteilchen, die die Schwerkraft zwischen Massen übertragen. Sie heißen **Gravitonen** und haben im Unterschied zu allen anderen Botenteilchen einen Spin 2 (Kapitel 3.7, Kasten „Der Teilchenspin"). Eine Masse spürt eine andere Masse, weil sie Gravitonen austauschen. Entweder haben sie (wie die Photonen und Gluonen) eine Ruhemasse null oder eine extrem kleine Masse. Ob es Gravitonen in der Natur gibt, ist bislang nicht klar. Das ist deshalb so schwierig, weil die Effekte der Stringtheorie erst auf der Planck-Skala spürbar werden. Falls die nicht reduzierte Planck-Skala fundamental ist, wäre das ein großes Problem für die Physik, denn 10^{19} GeV liegen 15 Zehnerpotenzen über den aktuell in Teilchenbeschleunigern erreichbaren Energien (vergleiche LHC am CERN: 10 TeV = 10.000 GeV). Das Erreichen der Planck-Skala mit Teilchenphysik-Experimenten scheint in weiter Ferne.

Es gibt auch vollkommen andere Ansätze in der Gravitationsforschung, die nicht nur unser Verständnis der Schwerkraft, sondern auch von Raum und Zeit entscheidend verändern würden. So ist das Konzept der Allgemeinen Relativitätstheorie mit einer gekrümmten Raumzeit nicht zwingend. Einstein selbst war es, der 1928 eine Gravitationstheorie vorlegte, die ausschließlich auf flachen Raumzeiten funktioniert. Das hat zur Konsequenz, dass zwei beliebige Vektoren immer parallel zueinander sind. Genau das gab Einsteins neuer Gravitationstheorie den Namen: **Fernparallelismus**. Die Krümmung der Raumzeit verschwindet zwar, aber dafür kauft man sich eine andere Komplikation ein, nämlich die sogenannte Torsion („Verdrillung"). In der Allgemeinen Relativitätstheorie verschwindet die Torsion, aber im Fernparallelismus nicht mehr. In der Torsion stecken nun die Eigenschaften der Schwerkraft. Die Quelle der Torsion ist der Energie-Impuls-Tensor. Viel später hat sich herausgestellt, dass Allgemeine Relativitätstheorie und Fernparallelismus äquivalente Formulierungen einer Gravitationstheorie sind. Es gibt somit keine unterschiedlichen Vorhersagen. Dennoch sind genaue Untersuchungen der mathematischen Eigenschaften des Fernparallelismus besonders für Erforscher der Differenzialgeometrie lohnend, weil sie eine komplett neue Sicht auf die Gravitation liefern. Offenbar müssen wir nicht unbedingt die Ursache der Gravitation in der Krümmung einer Raumzeit suchen, sondern können sie auch in ihrer Torsion finden.

Einstein und seinen Freund Grossmann, der Mathematiker und Kenner der Differenzialgeometrie war, kostete es viele Jahre, um den Einstein-Tensor („die linke Seite der Einstein-Gleichung") zu finden. Es sind wertvolle Analysen, wenn Gravitationstheoretiker heute die Struktur des Einstein-Tensors untersuchen, den Ansatz modifizieren und die Folgen für die Theorie ausrechnen. Im Rahmen solcher Forschungen entstand die sogenannte **f(R)-Gravitation**. Es handelt sich dabei um Modifikationen von Einsteins Allgemeiner Relativitätstheorie. R meint den Krümmungsskalar (Ricci-Skalar), eine Größe in der Allgemeinen Relativitätstheorie, die die Krümmung einer Raumzeit beschreibt. f(R) ist ein mathematischer Ausdruck und bedeutet übersetzt „Funktion des Ricci-Skalars". Der Ansatz f(R) = R liefert gerade Einsteins Relativitätstheorie. Aber man könnte andere Gravitationstheorien „basteln", wenn man $f(R)$ anders wählt, z. B. $f(R) = R^2$ oder $f(R) = \log(R)$. Gravitationstheoretiker spielen verschiedene Ansätze für $f(R)$ durch und berechnen daraus die neue Feldgleichung für die Gravitation und untersuchen ihre Eigenschaften. Aufregend war es, als in den 1980er-Jahren von dem russischen Theoretiker Alexei Starobinsky entdeckt wurde, dass es im Rahmen von $f(R)$-Theorien möglich ist, die beschleunigte kosmische Expansion *ohne* Dunkle Energie zu erklären. Man muss dann aber in Kauf nehmen, dass Einsteins Theorie nicht die richtige Wahl ist, um die Dynamik des Universums als Ganzes zu erklären. Nach wie vor werden daher die $f(R)$-Modelle erforscht, in der Hoffnung, eine neue, bessere Gravitationstheorie als die Einstein'sche zu entdecken.

Diese kleine Auswahl von modernen Ansätzen in der Teilchen- und Gravitationsphysik belegen eindrucksvoll, dass die Forschung niemals still steht. Immer auf der Suche nach Lösungen für ganz alte und plötzlich neu gefundene Probleme, bringt die Forschung neue Erkenntnisse zutage – Erkenntnisse, die unser Weltbild radikal ändern können; Erkenntnisse, die schon morgen in eine sinnvolle Anwendung münden könnten. Schon die Wissenschaftsgeschichte der letzten hundert Jahre legt Zeugnis ab, dass sich so Forschung und Fortschritt gegenseitig beflügeln. Und es wäre vermessen anzunehmen, dass wir aktuell in einer Zeit leben, in der alles bekannt und alles geklärt ist. Wie vor gut hundert Jahren wissen wir zwar eine ganze Menge, aber stehen auch am Anfang im Verständnis um die Natur.

Kapitel 6

Gedanken zum Schluss

6.1 Was war vor dem Urknall?

Die Allgemeine Relativitätstheorie besagt, dass an einem Punkt in der kosmischen Vergangenheit die Welt ihren Anfang nahm. Diese Extrapolation rückwärts in der Zeit geht auf Lemaître zurück (Kapitel 3.5), und er nannte diesen Anfang von allem die „Geburt des Raums". Der Ursprung des Universums war ein extrem heißer und extrem dichter Zustand, der ab der Mitte des 20. Jahrhunderts im englischsprachigen Raum „Hot Big Bang" genannt wurde. Die Allgemeine Relativitätstheorie vermag den Anfangszustand auch quantitativ zu beschreiben und fordert nicht weniger, als dass der kosmische Urzustand unendlich heiß und unendlich dicht war. Dieser Zustand heißt **Urknallsingularität**. Wie bei den Krümmungssingularitäten der Schwarzen Löcher versagt in diesem Zustand jede physikalische Beschreibung. Mit den Methoden der FLRW-Kosmologie lässt sich bestimmen, dass die Urknallsingularität vor 13,7 Milliarden Jahre existiert haben soll. Sie markiert gemäß Einsteins Theorie nicht nur die Geburt des Raums, sondern auch den Anfang der Zeit. Die kosmische Uhr fing also damals an zu ticken und zählt seither die sogenannte „kosmische Zeit". Wir können versuchen, diese kosmische Zeit zu bestimmen, indem wir tiefer und tiefer in den Kosmos vordringen, kosmologische Rotverschiebungen, mittlere Wellenlänge der kosmischen Hintergrundstrahlung oder die mittlere Temperatur des Universums bestimmen. Wir lesen heute, in unserem lokalen Universum, auf dieser Uhr das Weltalter von 13,7 Milliarden Jahren ab.

Das Unendlichwerden physikalischer Größen in der Singularität sollte uns Kopfschmerzen bereiten, denn wir hatten ja in Kapitel 5.1 die Planck-Skala kennengelernt, die sowohl gegen eine unendliche Temperatur und gegen eine unendliche Dichte als auch gegen einen Start zum Zeitpunkt null spricht. Die Planck-Zahlen markieren die Grenzen des Zuständigkeitsbereichs von Relativitäts- und Quantentheorie, und wir dürfen nicht über diese Grenzen hinaus – sogar bis ins Unendliche – gehen. Einsteins Theorie führt uns sonst mit der Urknallsingularität an eine Art „Mauer", eine Grenze der Beschreibbarkeit und eine Grenze des Erklärbaren.

Mauern sind dazu da, um überwunden zu werden. Die Frage „Was war vor dem Urknall?" ist provokativ. Man könnte sich herausreden und sagen, dass Einsteins Theorie besagt, dass nun einmal Zeit (und Raum) hier ihren Anfang nahmen. Es macht daher keinen Sinn eine Frage nach dem „Davor" zu stellen. Beim „Tag ohne gestern" gibt es keine Frage nach dem Gestern. Interessanterweise gestattet schon Einsteins Theorie eine – ästhetisch betrachtet – reizvolle Antwort. Es gibt nämlich Friedmann-Universen, also Modell-Universen, die auf der Allgemeinen Relativitätstheorie basieren, die zyklisch sind. Zyklisch heißt, dass das kosmische Ende gleichzeitig der kosmische Anfang ist und damit ein solches Universum in sich abgeschlossen ist und beliebig oft wiederkehren kann. Wir sind diesem zyklischen Universum bereits begegnet, als wir die Entwicklung der Größe des Universums in Abhängigkeit von Zeit angeschaut hatten (Abbildung 4.8.2; orangefarbene Kurve). Nach der Theorie gab es einen Urknall in der Vergangenheit, dann wächst das Universum an, erreicht eine maximale Größe und schrumpft wieder, bis es nach endlicher Zeit einen „Endknall" oder „Big Crunch" erreicht, der als Ausgangspunkt für einen erneuten Urknall angesehen werden kann. Angesichts der vielen Zyklen in der Natur – Wechsel von Tag und Nacht, Jahreszeiten etc. – ist das ein wunderschönes und auch beruhigendes Modell, stellt es doch die Hoffnung in Aussicht, dass alles erneut geschehen kann, inklusive der erneuten Entstehung von Leben. Dummerweise leben wir in einem Kosmos, der andere kosmische Einstellparameter hat. Der zyklische Friedmann-Kosmos benötigt übermäßig viel Materie, damit der kosmische Schrumpfungsprozess einsetzen kann. Viele voneinander unabhängige astronomische Beobachtungen belegen jedoch, dass wir gar nicht so viel Materie in unserem Kosmos haben. Wie vorgestellt, folgt unser Kosmos der roten Entwicklungslinie in Abbildung 4.8.2. Unser Kosmos unterliegt der ewigen, beschleunigten Expansion und kühlt immer mehr aus (Kapitel 3.7) – besagt jedenfalls die Einstein'sche FLRW-Kosmologie.

Im Gegensatz zur relativistischen Kosmologie wurde versucht, mit den Methoden der Quantenphysik ein „Quanten-Universum" zu erfinden. In der Quantenfeldtheorie gibt es einen Formalismus, der es gestattet, Teilchen zu erzeugen bzw. zu vernichten. Teilchen werden dabei durch Wellenfunktionen beschrieben. Ein Teilchen ist demnach keine einfach lokalisierbare, harte Kugel, sondern vielmehr eine Wellenverteilung. Dort, wo die Welle ein Maximum annimmt, ist der wahrscheinlichste Aufenthaltsort für ein Teilchen. Ein Teilchen ist also über den Raum „verschmiert". Das hat gravierende Folgen für unser Verständnis vom Mikrokosmos. Elektronen sind nicht etwa kleine harte Kugeln, die um einen Atomkern kreisen, sondern sie sind Wellenverteilungen, die um den Atomkern verschmiert sind. Das klingt sehr verwegen, aber es hat sich herausgestellt, dass diese Modelle die Natur im Mikrokosmos sehr exakt beschreiben.

In der **Quantenkosmologie** haben Theoretiker – darunter John A. Wheeler (1911–2008), Alexander Vilenkin (geb. 1949), Andrei Linde (geb. 1948), James B. Hartle (geb. 1939) und Stephen W. Hawking – diesen Beschreibungsapparat auf das ganze Universum übertragen. In dieser Analogie werden nun nicht Teilchen, sondern ganze Universen erzeugt und vernichtet! Es gibt sogar viele Universen, also auch so etwas wie Paralleluniversen. Genauso wie das Quantenvakuum angefüllt ist mit Teilchen, die kommen und gehen, ist das **Multiversum** angefüllt mit Universen, die kommen und gehen. Die Theorie der Quantenkosmologie würde damit die Vorstellung zunichte machen, dass wir in einem einzigartigen und ausgezeichneten Universum leben. Es gäbe da draußen viele koexistierende Universen unter Umständen mit vollkommen verschiedenen Eigenschaften, wie z. B. anderen Naturkonstanten und ohne intelligentes Leben. Die Quantenkosmologie löst damit recht elegant das sogenannte **Koinzidenzproblem**. Es besteht darin, dass wir nicht erklären können, warum unser Universum so ist, wie es ist, nämlich wieso die fundamentalen Naturkonstanten wie die Vakuumlichtgeschwindigkeit, das Planck'sche Wirkungsquantum, die Newton'sche Gravitationskonstante, die Elementarladung u. a. gerade diesen Zahlenwert annehmen und nicht einen anderen. Wir erleben das als eine seltsame Feinabstimmung.

Das wäre hinfällig im Multiversum, weil es da andere Universen mit anderen Naturkonstanten geben könnte. Bislang gibt es natürlich keinerlei Hinweise darauf, dass es ein solches Multiversum geben könnte. Die Frage nach dem „Was war davor?" wird im Multiversum hinfällig, denn ständig bildeten sich neue Universen, und ständig verschwänden einige davon.

Die gängige „Urknalltheorie" in Gestalt der FLRW-Kosmologie erklärt verblüffenderweise die Entwicklung *nach* dem Urknall, gibt aber keinen Grund *für* den Urknall an. Vor einigen Jahren wurde ein stringtheoretisches Modell von Paul Steinhardt und Neil Turok vorgeschlagen, das eine attraktive Erklärung für den Urknall liefert. Sie nannten es das Ekpyrotische Modell und nahmen hierbei die antike Vorstellung der Griechen von der Ekpyrosis zum Vorbild, nach der im „Weltenbrand" die Welt vergeht und sich neu erschafft. Wesentliche Zutaten im Ekpyrotischen Modell sind räumliche Extradimensionen und ein Paralleluniversum (Abbildung 6.1.1).

In der Stringtheorie gibt es sogenannte Branen (Kapitel 5.2). Die Idee ist, dass unser Universum auf der einen dreidimensionalen Bran „lebt" und ein Paralleluniversum auf einer anderen zweiten Bran.

Die beiden Universen sind über eine räumliche Extradimension getrennt. Nun forderten die Stringtheoretiker im Ekpyrosis-Modell ein neues Feld, das sie Radion nannten. Dieses Feld kann sich in den Extradimensionen (im Bulk, vergleiche Kapitel 5.2) ausbreiten und vermittelt eine Wechselwirkung zwischen den beiden Universen. Es bewirkt, dass sich die beiden Universen voneinander entfernen, bei einem bestimmten Abstand innehalten und sich dann wieder aufeinander zubewegen. Wenn die beiden Universen zusammenstoßen, kommt es zur sogenannten Branenkollision. Dann soll sich in beiden Universen ein Urknall ereignen, und in jedem der beiden startet eine kosmische Entwicklung. Später wurde das Ekpyrotische Modell zu einem zyklischen Universum ausgebaut, d. h., die beiden Universen durchlaufen diese Branenkollision wieder und wieder. Das Ekpyrotische Modell beantwortet demnach auch die Frage „Was war vor dem Urknall?", nämlich so, dass unser Universum ein Vorläuferuniversum gehabt habe, das durch den Zusammenstoß mit einem Paralleluniversum vernichtet wurde. Im so verursachten Urknall entstand unser Universum und könnte erneut durch den Einfluss des Radions vernichtet werden. Das ganze Modell mutet wie Science-Fiction an, entbehrt aber nicht eines ästhetischen Reizes. Die Krux dabei ist allerdings, dass diese hübsche Hypothese bislang durch keinen beobachtbaren Beleg untermauert werden konnte. Weder die im Modell unbedingt notwendigen räumlichen Extradimensionen noch das Radion-Feld konnten nachgewiesen werden.

Einen komplett anderen Ansatz verfolgt die **Loop-Quantenkosmologie**. Weder Zusatzdimensionen noch mysteriöse neue Felder werden gebraucht, aber die Raumzeit muss körnig – oder wie die Fachleute sagen – diskretisiert sein. Wie bereits in Kapitel 5.3 beschrieben, erzählt die Schleifengravitation eine ganz andere Geschichte vom Ursprung des Kosmos. Es gab gar keine Urknallsingularität, sondern bei einer bestimmten, sehr hohen, aber endlichen Dichte, die vergleichbar der Planck-Dichte sei, gab es eine abstoßende Wirkung der Gravitation. Die Gleichungen der Loop-Quantenkosmologie lassen sich sogar verwenden, um auszurechnen, was *vor* diesem superdichten Zustand passierte. Es soll ein Vorläuferuniversum gegeben haben, dass durch den Einfluss der Gravitation kollabierte und somit die Dichte immer mehr zunahm, bis der kritische Wert der Planck-Dichte erreicht war. Dann setzte der „Quanten-Rückstoß" ein, der in der Fachliteratur „Bounce"

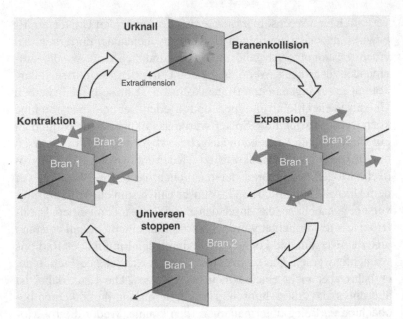

Abb. 6.1.1 Branenkollision im Ekpyrotischen Modell und Zyklisches Universum. © A. Müller

(engl. Rückprall) genannt wird. Aktuelle Berechnungen legen nahe, dass bei diesem Übergang jede Information über das Vorläuferuniversum ausgelöscht wurde. Das ist insofern enttäuschend, weil es so unmöglich scheint, etwas über die Zustände vor dem Rückprall zu erfahren. Dass das Universum dieser Hypothese zufolge „auf Reset stellt", hätte allerdings auch einen Riesenvorteil. In Kapitel 3.5 sind wir dem Gesetz von der Zunahme der Entropie und dem daraus resultierenden thermodynamischen Zeitpfeil begegnet. Dieses Gesetz bringt Probleme für Modelle mit ewigen oder zyklischen Universen. Denn mit der Zunahme der Entropie nimmt ja die Ordnung immer mehr ab. Das sollte schließlich so gravierend werden, dass geordnete Strukturen wie die Anordnung von Sternen und Galaxien sich in einem ewigen Kosmos gar nicht mehr bilden sollten – die Entropie wäre einfach zu hoch.

Mit dem „Reset-Schalter des Schleifen-Universums" könnte dieses Problem behoben werden, denn es legt nahe, dass das Universum nach dem Bounce mit nahezu null Information startet. Ob es sich so verhält, könnte mit experimentellen Methoden herausgefunden werden. Zum einen werden die Experimente zur Messung der kosmischen Hintergrundstrahlung mehr und mehr verbessert. Sie fördern immer mehr Details über die kosmischen Anfänge zutage, und so ist es auch möglich, verschiedene Modelle für die Inflationsphase zu testen. Somit sollte man auch herauszufinden können, ob der Quanten-Rückprall der Schleifengravitation die Inflation angeschoben hatte. Zum anderen hoffen die Physiker, dass sie schon bald Neutrinos und Gravitationswellen aus den frühesten Phasen kosmischer Entwicklung messen können. Diese Boten sollten uns Informationen über die Physik des frühen Universums liefern. Damit lassen sich wieder die einen Modelle ausschließen und andere favorisieren. Unter dem Strich stellt die Loop-Theorie eine Lösung der Frage nach dem Davor in Aussicht und fordert die Existenz eines Vorläuferuniversums. „Vor dem Urknall ist nach dem Urknall".

Bei der Besprechung von Zeitmessung haben wir das Prinzip einer Uhr vorgestellt und wie verschiedene Uhren realisiert werden können (Kapitel 3.3). Nun kann man sich das Uhrenprinzip genauer anschauen und versuchen, eine Gemeinsamkeit zu finden. Zeit scheint immer mit Uhren verknüpft zu sein. Daher ist es spannend zu betrachten, welchen zeitlichen Bereich der kosmischen Entstehungsgeschichte wir überhaupt überblicken können. Das illustriert die Abbildung 6.1.2, die auf unserem aktuellen Kenntnisstand beruht.

Nun können wir uns den Spaß machen und markieren, welchen Bereichen wir mit physikalischen Experimenten auf den Zahn gefühlt haben. Wo sind gesicherte Erkenntnisse, und wo tappen wir im Dunkeln? Mit Erstaunen stellen wir dann zwei Dinge fest: Erstens ist der erfasste Zeitraum riesig und erstreckt sich über 60 Zehnerpotenzen. Zweitens stellen wir beim Abzählen der Zehnerpotenzen mit Erschütterung fest, dass wir viel weniger begriffen haben, als verstanden wurde. Denn 32 Zehnerpotenzen umfasst die (noch) experimentell unzugängliche und damit nicht belegte Physik, und

		Zeit nach Urknall
	Planck-Zeit	10^{-43} s
Experimentell *unzugängliche* **Physik:** 32 Zehnerpotenzen	Inflation	10^{-34} s
Keine „Uhren"!		
	Higgs / elektro-schwacher Übergang	10^{-11} s
	Quark-Gluon-Phase	10^{-5} s
Experimentell *zugängliche* **Physik:** 28 Zehnerpotenzen	Atomkerne	10^{2} s
	Hintergrundstrahlung	10^{13} s
„Uhren" sind erhältlich.	Erste Sterne	10^{15} s
	Entstehung der Milchstraße	10^{16} s
	Heute	10^{17} s

Abb. 6.1.2 Übersicht der kosmischen Phasen von der Planck-Ära bis heute. Die Übersicht zeigt besondere Epochen und ihre zeitliche Einordnung auf der Zeitachse in Sekunden. Sofort fällt auf, wie gigantisch die erfasste Zeitspanne ist: 60 Zehnerpotenzen auf der Sekundenskala. © A. Müller

„nur" 28 Zehnerpotenzen umfasst die recht gut verstanden Physik. Es gibt demnach noch einiges an Arbeit.

Erschwerend kommt jedoch hinzu, dass in dem unzugänglichen Bereich auf **der kurzen Zeitskala** vernünftige Uhren fehlen! Wie wir besprochen hatten, basieren Uhren auf einem *physikalischen Prozess*. Wie ist das nun, wenn wir keinen physikalischen Prozess greifbar haben, der uns das Verstreichen der Zeit anzeigt? Vergeht dann immer noch Zeit? Oder anders gefragt: Existiert Zeit unabhängig davon, dass es Uhren gibt?

Diese spannende Frage hat der englische Mathematiker und theoretische Physiker Roger Penrose in seinem Buch „Zyklen der Zeit" (Spektrum Akademischer Verlag, 2011) erörtert. Wenn wir als

Menschen Zeit mit Uhren messen, haben wir keine Probleme. Wir schauen auf unsere modernen, genauen Uhren und lesen ab. Das war natürlich nicht immer so. Wir haben bereits Kulturen kennengelernt, die vor der Neuzeit in der Lage waren, die Zeit zu messen, wenn auch nicht so exakt (Kapitel 3.2). Wenn wir in die Frühgeschichte unseres Planeten Erde zurückgehen, so kommen wir auch in eine Ära, in der es noch keine Menschen gab. Zwar hatte damals noch kein Mensch die Zeit persönlich gemessen, aber wir können im Nachhinein mit Methoden nachweisen, dass auch damals schon die Zeit vergangen ist und Dinge einer Entwicklung unterworfen waren (radiogene Altersbestimmung, Kapitel 3.3). Der „Zahn der Zeit" hat sich sozusagen in einige Gegenstände genagt, die noch heute davon zeugen. Mit den Methoden der modernen Kosmologie lässt sich das Alter des Universums zu 13,7 Milliarden Jahren bestimmen. Wir haben die Entwicklung des Universums von den frühesten Phasen bis zur Entstehung von Sternen und Planeten nachskizziert. Penrose wies darauf hin, dass wir irgendwann ein Problem haben, je weiter wir in der kosmologischen Entwicklung zurückgehen. Das Problem besteht darin, dass wir irgendwann keinen physikalischen Prozess mehr haben, den wir als Uhr benutzen könnten. Denn die Komplexität des Universums verschwindet zunehmend, je näher wir an den Urknall herankommen, sodass irgendwann keine vernünftige Uhr mehr existiert. Wie verhält es sich mit der Zeit, wenn es keine Uhr gibt? Im Alltag würde man sagen: Kein Problem, wenn vorübergehend keine Uhr greifbar ist; irgendwann kommt man wieder an eine Uhr und kann die Zeit wieder ablesen. Im frühen Universum ist es nicht so. Es gab damals weder eine Uhr noch jemanden, der sie ablesen konnte.

Ganz ähnlich verhält es sich übrigens mit der Länge. Es gab auch keinen vernünftigen Längenmaßstab mehr, sozusagen keine Lineale. Penrose ist nun an dieser Stelle radikal und fordert: Wo keine Uhr, da auch keine Zeit. Wo kein Lineal, da auch keine Länge. Mit Annäherung an den Urknall vergisst irgendwann das Universum die Zeit. Die Frage „Was war vor dem Urknall?" ist damit eine Frage, die sich nach Penrose gar nicht erst stellt. Noch bevor man an den Urknall herankommt, versagen Zeit- und Längenmaß.

Genauso soll es sich in der Zukunft des Universums abspielen. Der Kosmos expandiert beschleunigt und kühlt dabei aus. Das Schicksal der Endzustände von Sternen ist dabei nicht vollständig geklärt. Zerfallen z. B. Weiße Zwerge und Neutronensterne, wenn sie immer mehr abkühlen? Was passiert mit den vielen Molekülen und Elementarteilchen wie den Neutrinos während der beschleunigten Expansion? Werden ihre Wellenfunktionen durch die Ausdehnung bis zur vollständigen Unterdrückung ausgelöscht? Bei Schwarzen Löchern scheinen die Verhältnisse klarer zu sein. Denn sie sollten durch die Aussendung von Hawking-Strahlung verdampfen.

Folgen wir diesen Hypothesen, so steht am Ende ein kaltes, dunkles Universum, das sich in einem Quantenvakuum befindet. Damit meinen Physiker einen Grundzustand, also einen Zustand kleinstmöglicher Energie, allerdings mit einem zwar winzigen, aber endlichen Energiewert (Kapitel 3.6). In diesem Zustand lässt sich ebenfalls kein physikalischer Prozess ausmachen, der als Uhr oder Lineal taugen würde. Somit vergisst im Penrose-Modell das Universum auch in ferner Zukunft die Zeit und könnte im Prinzip ewig in diesem Zustand des Quantenvakuums verharren – bis wieder etwas geschieht. Was war vor dem Urknall? Penrose folgend, müssten wir schließen, dass es gar nicht zum Urknall kam, sondern der Ur- und Endzustand ein womöglich „ewig vor sich hin waberndes" Quantenvakuum war. Eigentlich eine Vorstellung, die sich gar nicht mal so schlecht anfühlt.

6.2   Auf der Spur nach dem Wesen von Raum und Zeit

Nachdem wir sehr unterschiedlichen physikalischen Modellen zur Beschreibung der Natur begegnet sind, fassen wir nun zusammen, um endlich das große Fazit ziehen zu können: Was ist Zeit? Was ist Raum? Und ist die aktuell favorisierte Raumzeit der Weisheit letzter Schluss?

In unserem Alltag bemerken wir gar nichts von der recht subtilen Natur von Raum und Zeit. Wir bewegen uns ganz selbstverständlich durch den dreidimensionalen Raum. Ebenso selbstverständlich ticken unsere Uhren, und wir haben uns daran gewöhnt, dass die Zeit verrinnt – scheinbar ganz unabhängig von ihrer Beziehung zum Raum. Wir haben unser Leben ganz gemütlich eingerichtet mit dem Newton'schen bzw. Galilei'schen Verständnis von Raum und Zeit. Danach hat die Zeit nichts mit dem Raum zu tun, und sowohl Zeit als auch Raum sind, für sich genommen, absolut (Kapitel 2.4 und 3.8).

Vor gut hundert Jahren wurde dieses Verständnis erschüttert. Mit Einsteins Relativitätstheorie verschmolzen Raum und Zeit zu einer Einheit, der vierdimensionalen Raumzeit. Damals war diese Erkenntnis revolutionär, und die Vorstellung der Raumzeit hat lange gebraucht, um sich zu etablieren. Man muss sogar feststellen, dass sich dieses Konzept bis heute nicht bei jedem herumgesprochen hat. Das kann man dann niemandem vorwerfen, kommen wir doch mit der Newton'schen Vorstellung ganz gut zurecht. Einsteins Raumzeit ist jedenfalls das Beste, was wir momentan haben. Es ist eine bewährte Theorie, auf die wir uns recht gut verlassen können. Denn sie macht konkrete, präzise Vorhersagen, die sich vielfach in Experimenten bestätigt haben. Raum und Zeit bilden nach Einstein ein Kontinuum, das verbogen werden kann, die vierdimensionale, gekrümmte Raumzeit. Die Theorie vom Fernparallelismus legte nahe, dass die Krümmung durch die Verdrillung (Torsion) ersetzt werden könnte – was eine alternative, jedoch äquivalente Beschreibung der Gravitation wäre. Mit der Relativitätstheorie mussten wir dann auch zur Kenntnis nehmen, dass Länge und Zeit relativ sind, d. h. vom Bewegungszustand (Stichwort Relativgeschwindigkeit) und von der Nähe zu Gravitationsquellen abhängen (Kapitel 4.4). Das sind schon recht subtile Eigenschaften, die allerdings in unserer technisierten, modernen Zivilisation bei der präzisen Navigation zutage treten. Einstein ist im Alltag angekommen.

Damit nicht genug. Die Grundlagenforschung erneuerte zwar unser naturwissenschaftliches Weltbild und damit auch unser Verständnis von Raum und Zeit, aber Forschung wirft auch immer neue Fragen, neue Probleme auf. Schon direkt nach Einsteins Relativitätstheorie betraten kühne, neue Theorien die Weltbühne mit dem Ziel, verschiedene Naturkräfte zu vereinheitlichen. Die Kaluza-Klein-Theorie wurde entwickelt, eine Theorie, die eine zusätzliche vierte Raumdimension fordert. Als geistiges Erbe dieser Entwicklungen ist auch die Stringtheorie zu sehen, die gleich alle vier Naturkräfte vereinheitlichen will und noch viel mehr räumliche Zusatzdimensionen einfordert. Dadurch löst sie elegant das Hierarchieproblem der Kräfte (Kapitel 5.2). Aber wo ist der Extraraum? Wirklich zusammengerollt auf kleinste Abstände? Bislang entzieht er sich jedenfalls hartnäckig einem experimentellen Nachweis.

Dem gegenüber steht ein Ansatz ohne Zusatzdimensionen. Die Schleifen-Quantengravitation zerhackt Einsteins kontinuierliche Raumzeit in kleinste Stücke. Es gibt sowohl Raumquanten als auch Zeitquanten. Zoomen wir bis auf die Planck-Skala heran, zerfällt das glatte Kontinuum in eine körnige Struktur (Kapitel 5.3). Das wurde bislang nicht experimentell bestätigt, obwohl auch hier erste Tests in Astronomie und Teilchenphysik stattfanden. Schwierig gestaltet es sich auch hier, weil die Skala der Quantengravitation – sollte sie denn existieren – einfach furchtbar winzig ist, nämlich viele Zehnerpotenzen unter der aktuellen Auflösungsschwelle.

Schließlich gibt es auch ganz radikale Vorschläge, die uns im Rahmen der konformen, zyklischen Kosmologie nach Penrose weismachen wollen, dass sich Raum und Zeit sogar auflösen, geht man nur weit genug in der kosmischen Entwicklung zurück – oder vor (Kapitel 6.1).

In unserem Verständnis von Raum und Zeit liegen folgende Karten auf dem Tisch:

- absoluter, dreidimensionaler Raum und absolute Zeit (Galilei, Newton)
- gekrümmte, vierdimensionale Raumzeit mit relativer Länge und relativer Zeit (Einstein)
- mehrdimensionale Raumzeit (Kaluza-Klein-Theorie, Stringtheorie)

- gekörnte Raumzeit mit Raumquanten und eventuell sogar Zeitquanten (Loop-Quantengravitation)
- sich auflösende Länge und auflösende Zeit im frühen und späten Kosmos (Penrose)

Vielleicht erleben wir in den nächsten Jahren die Überraschung, dass es tatsächlich mehr Raumdimensionen als Länge, Breite und Höhe gibt. Mehr Raum wäre nicht das Schlechteste: Die zu kleine Parklücke oder mangelnde Parkplätze in Großstädten wären Vergangenheit. Leute, die eine zu kleine Wohnung haben, könnten schlagartig ihr Problem lösen. Die Bevölkerungsexplosion und die damit verbundene Raumverknappung wäre auch kein Thema mehr. Aber Spaß beiseite. Natürlich dürfen wir einen derartigen praktischen Nutzen nicht erwarten, weil die Zusatzdimensionen – sollte es sie wirklich geben – auf kleine Kompaktifizierungsradien aufgerollt wären. Der erkenntnistheoretische Gehalt einer solchen Entdeckung wäre enorm. Und sicherlich würde früher oder später auch eine praktische Anwendung aus diesem Wissen resultieren.

Und wie ist es mit der Zeit? Ist sie gestückelt in Teile winziger, aber doch endlicher Dauer? Bislang können wir auch das nicht ausschließen, und wir werden mit Spannung die weiteren, experimentellen Tests abwarten müssen, um hoffentlich irgendwann Gewissheit zu haben.

Wenn man über das Wesen der Zeit nachdenkt, könnte man auch jenseits der Physik Erklärungen suchen, z. B. in der Psychologie oder den Neurowissenschaften. Ist Zeit vielleicht nur eine vom Menschen gemachte Illusion? Das klingt eigentlich unhaltbar, denn jeder neue Tag, jedes Ticken einer Uhr und jedes fallende Sandkorn im Stundenglas zeugen vom Verrinnen der Zeit. Unsere Erinnerung bezeugt Vergangenes, und vor allem teilen wir mit anderen Menschen die gleichen Erinnerungen. Wenn es eine Illusion wäre, dann müssten viele Menschen das gleiche Trugbild erleben. Das hört sich nicht sehr plausibel an. Außerdem können wir unser Leben recht gut planen, und viel Geplantes tritt genauso ein. Auch das klingt nicht nach einer Illusion.

Der menschliche Aspekt beim Erleben von Zeit und Raum ist durchaus ein interessanter Ansatz. Wir verlassen damit das Terrain der Naturwissenschaften und betreten dasjenige der Geisteswissenschaften, vor allem der Philosophie. Zunächst könnten wir die ungefähr 2500 Jahre alte Philosophie Platons bemühen und versuchen, einen Zusammenhang zu seinem berühmten Höhlengleichnis herzustellen. Existiert Zeit als platonische Idee, losgelöst von allem Materiellen? Vielleicht ist es das Schicksal des Menschen wie das der Gefangenen im Höhlengleichnis, nie die wahre Natur von Raum und Zeit schauen zu können.

Diese Aspekte der platonischen Erkenntnistheorie führt Immanuel Kant (1724–1804) zwei Jahrtausende später fort. Er spricht von dem Ding an sich (*Noumenon*), das durch Wahrnehmungsprozess (*Sinne*) und Erkenntnisprozess (*Verstand*) zur Erscheinung (*Phaenomenon*) verformt wird. Diese Begriffe stehen im gleichen Gegensatz zueinander wie Schein und Wahrheit. Die Philosophie kreist seit Jahrtausenden im Rahmen der Erkenntnistheorie um dieses Begriffspaar. Die Frage lässt sich auch als Subjekt-Objekt-Problem formulieren: Worin besteht das Verhältnis von erkennendem Menschen (dem Subjekt) zum erkannten Ding (dem Objekt)? Wenden wir diesen Subjekt-Objekt-Formalismus auf die Frage nach der Natur von Raum und Zeit an, so stellen wir die Frage nach dem Verhältnis von demjenigen, der Raum und Zeit verstehen möchte, zu Raum und Zeit selbst. Eine Auflösung bestünde im Verständnis von Zeit und Raum.

In der Philosophie kennt man unterschiedliche Strömungen, unter anderem Positivismus, Rationalismus, Sensualismus und Empirismus. Ihr Verhältnis zum Zeit- und Raumbegriff kann man wie folgt erörtern: Der Positivist sieht in den Grenzen der Erfahrung auch die Grenzen der Erkenntnis. Damit bezieht er eine Gegenposition zum Rationalisten. Die Beschränkung seines Erfahrungsbereiches auf die Erde würde eine generelle Diskussion des Zeit- und Raumbegriffs, beispielsweise auf der Stufe quantenkosmologischer Konzepte, schnell beenden. Ähnlich ist es bei den Sensualisten: Sie sehen die Wirklichkeit in Empfindungsinhalten, z. B. in einem Gefühl. In radikaler Form gipfelt der sensualistische Empirismus in George Berkeleys (1685–1753) Ausspruch *„esse est percipi"* (dt. „Sein ist Wahrgenommenwerden"). Damit negiert der Sensualist jede transzendente Existenz und würde sich allen Begriffen von Zeit und Raum, die über die Wahrnehmung hinausgehen, verweigern. Der Positivist wendet sich ebenfalls von einer Diskussion transzendenter, nicht erfahrbarer Sachverhalte ab. Der Physiker ist eher der rationalistischen Position zugewandt: Er nutzt und entwickelt physikalische Theorien, die es ihm nicht nur gestatten, Raum und Zeit im alltäglich erfahrbaren Bereich, sondern auch in Grenzbereichen (relativistische Geschwindigkeiten, starke Gravitationsquellen, subatomare Skala) zu beschreiben, die alltäglich nicht oder sogar niemals erfahrbar sind. Die Betonung liegt hier auf dem Begriff „beschreiben", denn verstehen liegt bereits eine Erkenntnisstufe höher. Das „Warum sind Zeit und Raum so?" ist bereits eine Frage, die im interdisziplinären Bereich zwischen Physik und Philosophie anzusiedeln ist.

Das Verständnis von Raum und Zeit ist damit eine Frage der Grundhaltung. Sicherlich kann der größte Teil der Menschheit sehr gut damit leben, dass Raum und Zeit im Alltag als absolut erscheinen, weil typische Geschwindigkeiten weit unterhalb der Lichtgeschwindigkeit liegen bzw. die Raumzeit auf der Erde nahezu flach ist bzw. weil wir uns nun einmal auf mittleren Längenskalen und weder im Mikro- noch im Makrokosmos bewegen. Der relative Charakter von Länge und Zeit tritt bei einigen wenigen anspruchsvollen Techniken zutage, wie der Satellitennavigation oder in Teilchenbeschleunigern. Der Reiz besteht aber im erkenntnistheoretischen Zugewinn, worin das Wesen von Raum und Zeit eigentlich besteht. Dazu soll im nächsten und letzten Kapitel ein zusammenfassender Vorschlag gemacht werden.

6.3   Die drei Verständnisebenen für Raum und Zeit

Wir müssen uns wohl zunächst mit dem Gedanken anfreunden, dass Antworten auf die Frage nach der Natur von Raum und Zeit auch mit modernen physikalischen Konzepten uns im Unklaren lassen. Länge und Zeit sind relative Größen – eine Aussage, die sich sowohl im psychologischen als auch physikalischen (relativistischen) Längen- und Zeitbegriff widerspiegelt. Die Relativität kann in extremer Form zum Verschwinden des Zeitverrinnens und der Länge führen, wie die Effekte der Zeitdilatation und Lorentz-Längenkontraktion nahe legen. Damit verschwinden gewissermaßen Zeit und Raum. Interessanterweise kommt Penrose zu einem ähnlichen Ergebnis, wenngleich bei ihm die beiden Extreme, wo es zur Auflösung von Zeit und Länge kommt, der ganz frühe und der ganz späte Kosmos sind.

Aus naturwissenschaftlicher Sicht leben wir in einer spannenden Epoche. Wie vor gut hundert Jahren breiten sich einige faszinierende, neue Hypothesen über die Natur von Raum und Zeit vor uns aus. Hohe Erwartungen setzen wir in die neuen physikalischen Theorien, wie der Stringtheorie oder der Schleifen-Quantengravitation. Viele alternative Ansätze werden erforscht, auch abseits des Mainstreams.

Fraglich ist jedoch, inwiefern diese neuen Konzepte von Zeit und Raum verständlich und auf die alltäglich erfahrbare Welt übertragbar sind. Die häufig anzutreffende Tendenz der Unanschaulichkeit oder Befremdlichkeit findet man bereits in vielen Bereichen der modernen Physik. Eine Reihe moderner Technologien nutzt exzessiv die Erkenntnisse der „unanschaulichen Physik" und stützt deren Richtigkeit. Die moderne Physik stellt mathematische Methoden und Modelle zur Verfügung, die recht unanschaulich sind und deren Interpretation unser Weltbild und unser Verständnis der dinglichen Welt auf eine harte Probe stellen. Wir bezahlen mit der Anschaulichkeit und gewinnen dafür den Preis der Erkenntnis.

Wir sind Menschen; vernunftbegabte, intelligente Wesen von ca. zwei Metern Größe, die vorwiegend aus Wasser bestehen und in einem komplexen Universum leben, das sich in einigen Milliarden Jahren entwickelt hat. Wir sind verhältnismäßig spät auf der Bühne erschienen – auf der zeitlichen Skala betrachtet erst ungefähr in den letzten 0,03 % des Weltalters. Lebten wir in einer früheren Phase des Universums, wäre unsere Umgebung völlig anders: heißer, weniger facettenreich und weniger komplex. Vermutlich ist es so, dass unsere Existenz erst möglich war, als bestimmte Grundvoraussetzungen erfüllt waren. Deshalb mussten wir solange warten – 99,97 % des Weltalters. Wir sind „Kinder des Mesokosmos", und das sollten wir in unsere Überlegungen mit einbeziehen. Mesokosmos meint den Bereich der Welt, der gerade zwischen Mikrokosmos – der Welt der Teilchen und Atome – und dem Makrokosmos – dem gigantischen Universum – liegt. Im Mesokosmos nimmt eine intelligente Lebensform nun einmal die Welt so wahr, wie sie ist: newton'sch mit absolutem Raum und absoluter Zeit.

Im Makrokosmos hingegen regiert Einsteins Physik. Hier bewährt sich das Konzept der gekrümmten, vierdimensionalen Raumzeit, die sogar zu beschreiben vermag, wie das Universum sich weiterentwickeln wird. Auf der makroskopischen Skala begegnen wir seltsam anmutenden Effekten, wie Zeitdilatation, Lorentz-Kontraktion, Raumzeitkrümmung und Gravitationslinsen.

Könnten wir tief in den Mikrokosmos vordringen, würden wir wiederum eine komplett andere Welt kennenlernen. Auf der mikroskopischen Skala regieren die Gesetze der Quantentheorie. Hier gibt es mesoskopisch unverständliche Prozesse, wie den Wellencharakter von Teilchen, den Tunneleffekt, die Unschärfe, Paarbildung und Paarvernichtung oder das Quantenvakuum.

Und schließlich gibt es das Regime der Quantengravitation, also eines Bereichs, wo sowohl Effekte der Relativitätstheorie als auch der Quantentheorie eine Rolle spielen. Diesem Regime begegnen die Physiker z. B. bei der Betrachtung von relativistisch schnellen Elementarteilchen, bei der Urknallsingularität, bei der Teilchenbildung am Ereignishorizont Schwarzer Löcher (Hawking-Strahlung) oder bei Schwarzen Mini-Löchern in Teilchenbeschleunigern oder – bestes Beispiel – in der Quantenkosmologie. Daraus wird schnell ersichtlich, weshalb die klassischen Theorien der Physik (Mechanik, Elektrodynamik, Thermodynamik) auf der mesoskopischen Skala liegen. Sie waren schlicht einfacher zugänglich und anschaulicher, weil sie leicht in die Alltagswelt zu übertragen sind. Lange Zeit, bis zum Beginn des 20. Jahrhunderts, haben der mesoskopische Standpunkt und die „Alltags-Perspektive" den erkenntnistheoretischen und naturwissenschaftlichen Blick beschränkt. Es bedurfte eines Genies vom Kaliber Einsteins und Plancks, um diese Fesseln des Wissens zu sprengen. Doch selbst gut hundert Jahre nach dem Aufkommen der beiden großen Theorien, Relativitätstheorie und Quantentheorie, ringt der Mensch um ein Verständnis. Alte Begriffe wandeln sich, lösen sich auf, werden ersetzt oder neu definiert. Ein Hauptproblem besteht sicherlich darin, dass menschliche Begrifflichkeiten mesoskopischem Denken entsprungen sind und nicht ohne Weiteres oder möglicherweise gar nicht auf andere Skalen übertragen werden können. Deshalb darf es nicht verwundern, wenn sich herausstellen könnte, dass unsere Vorstellungen von Raum und Zeit nur dort Sinn machen, wo sie erfunden wurden: Der bewohnten Erde.

Glossar

Äquinoktium Fachbegriff für die Tagundnachtgleiche, d. h. diejenigen beiden Tage im Jahr – am 20./21. März und am 22./23. September –, an denen die Dauer von Tag und Nacht identisch sind, nämlich zwölf Stunden.

Äquivalenzprinzip Ein fundamentales Prinzip in der →Allgemeinen Relativitätstheorie, nach dem träge und schwere Masse identisch sind. Das bedeutet, dass eine Masse, die in einem Schwerfeld ruht, nicht unterschieden werden kann von einer Masse, die gleichmäßig durch eine konstant wirkende Kraft beschleunigt wird.

Allgemeine Relativitätstheorie Eine Theorie der Gravitation, die Albert Einstein 1915 veröffentlichte. Es ist eine revolutionäre Sichtweise ohne Schwerkraft, denn Gravitation wird geometrisch erklärt. Dabei krümmen Massen und Energie die vierdimensionale →Raumzeit, sodass Teilchen und Licht diesen Krümmungen folgen müssen. Mathematisch beschrieben wird die Allgemeine Relativitätstheorie durch die →Einstein-Gleichung.

Aphel Bei einem Himmelskörper im Sonnensystem bezeichnet der Aphel den sonnenfernsten Punkt seiner elliptischen Bahn um die Sonne. Auch →Perihel und →Apsidenlinie.

Apsidenlinie Bei einem Himmelskörper im Sonnensystem bezeichnet die Apsidenlinie die gerade Verbindung zwischen dem sonnennächsten Punkt (→Perihel) und dem sonnenfernsten Punkt

(→Aphel) seiner elliptischen Bahn um die Sonne. Die →Allgemeine Relativitätstheorie sagt einen ganz bestimmten Zahlenwert für den Betrag der Drehung der Apisidenlinie im Raum voraus, der experimentell bestätigt werden konnte.

Blei-Methoden Eine Methode zur Bestimmung des Alters von Gesteinen, die nach einem ähnlichen Prinzip funktioniert wie die →C14-Methode, nur dass andere →Isotope verwendet werden.

Bran Kunstwort, das sich von Membran ableitet. Bran meint einen räumlich dreidimensionalen Raum. Im Gegensatz zum →Bulk ist Bran ein Unterraum, d. h., der Bulk hat mehr Raumdimensionen.

Bulk Bulk ist ein hypothetischer Raum mit i. A. mehr als drei Raumdimensionen. Im Bulk können sich mehrere →Brane befinden. Bulk und Bran werden in den Stringtheorien benötigt.

C14-Methode Eine Methode zur Altersbestimmung von zuvor lebendem Material mithilfe der Häufigkeiten von →Isotopen von Kohlenstoff in der Probe. Wird auch Radiokarbonmethode genannt.

Christoffel-Symbol Ein mathematisches Objekt, das in der Differenzialgeometrie und der →Allgemeinen Relativitätstheorie eine Rolle spielt. Es handelt sich um die spezielle Form eines sogenannten →Zusammenhangs, der zur genauen Berechnung der →Einstein-Gleichung benötigt wird. Mathematisch handelt es sich um Ableitung der →Metrik.

Compton-Wellenlänge Eine fundamentale Größe in der Quantenphysik, die einem Teilchen mit Masse eine Wellenlänge zuordnet. Dabei gilt: Je größer die Masse, umso kürzer ist die Wellenlänge des Teilchens.

Diffeomorphismeninvarianz →Hintergrundunabhängigkeit

Einstein-Gleichung Albert Einstein veröffentlichte 1915 eine neue Theorie der Gravitation, die Newtons Schwerkraft ablöste: die →Allgemeine Relativitätstheorie. Die zentrale Gleichung dieser Theorie bündelt ein System von zehn gekoppelten, partiellen, nichtlinearen Differenzialgleichungen. Diese tensorielle Gleichung heißt Einstein-Gleichung.

Elektronenvolt Eine fundamentale Energie- und Masseneinheit in der Teilchen-, Kern- und Quantenphysik. Ein Elektronenvolt, abgekürzt durch eV, ist definiert als diejenige Energie, die ein Elektron mit Elementarladung erhält, wenn es eine Potenzialdifferenz der elektrischen Spannung von einem Volt durchläuft. Es gibt dabei die üblichen Vielfache der Einheit: 1 keV = 1000 eV, 1 MeV = 1.000.000 eV, 1 GeV = 1.000.000.000 eV usw.

Entropie Die Entropie ist eine physikalische Größe in der Wärmelehre (Thermodynamik) und beschreibt ein abgegrenztes System, z. B. ein Gas oder das ganze Universum. Gemäß dem Zweiten Hauptsatz der Thermodynamik kann die Entropie nur gleichbleiben oder zunehmen, d. h., im Verlauf der Entwicklung des Universums nimmt die Entropie zu. Mikrophysikalisch kann man die Entropie mit dem Begriff der Ordnung in Zusammenhang bringen. Sie entspricht der Anzahl aller Mikrozustände, die denselben Makrozustand ergeben können. Die Entropie liefert eine Ursache für die Richtung der Zeit (→Zeitpfeil).

Ereignis In der Relativitätstheorie meint Ereignis einen Punkt in der →Raumzeit, der durch drei Raumkoordinaten und eine Zeitkoordinate festgelegt ist.

Extradimension Wir kennen drei Raumdimensionen Länge, Breite und Höhe. In der Physik werden auch Theorien diskutiert, in denen es mehr als diese drei Raumdimensionen geben kann. Diese Zusatzdimensionen heißen auch Extradimensionen.

FLRW-Kosmos Das Standardmodell der modernen Kosmologie wurde vor etwa hundert Jahren entwickelt. Es basiert auf Albert Einsteins 1915 veröffentlichten →Allgemeinen Relativitätstheorie. Die Pioniere, die Einsteins Theorie erfolgreich auf den Kosmos anwendeten, heißen A. Friedmann, G. Lemaître, H. Robertson und A. Walker. Die Initialen ihrer Nachnamen ergeben FLRW und meinen dieses Standardmodell der modernen Kosmologie.

Frame dragging Massen sind Quellen der Gravitation. In Einsteins →Allgemeiner Relativitätstheorie krümmt eine Masse die →Raumzeit. Falls die Masse rotiert, wird auch die Raumzeit in Drehung versetzt. Alles, was sich diesem „Karussell" der Raumzeit nähert – Testteilchen oder Licht –, wird dann ebenfalls in Drehung versetzt. Dieser Effekt wurde bei der rotierenden Erde vor wenigen Jahren erst experimentell mit LAGEOS und Gravity Probe-B nachgewiesen und ist besonders heftig bei rotierenden Schwarzen Löchern (→Kerr-Lösung). Eine Alternativbezeichnung für Frame-Dragging ist der →Lense-Thirring-Effekt.

Friedmann-Universen Vor hundert Jahren wurde eine Gruppe von Lösungen für die →Einstein-Gleichung der →Allgemeinen Relativitätstheorie gefunden, die die Entwicklung der →Raumzeit des Universums beschreiben. Dies sind die Friedmann-Lösungen, benannt nach dem russischen Mathematiker Alexander Friedmann. Die Friedmann-Universen können expandieren oder wieder in sich zusammenfallen. Die aktuell favorisierte Lösung für unser Universum ist der →FLRW-Kosmos.

Galilei-Transformation Beim Übergang von einem Bezugssystem in einer anderes, das sich dazu relativ mit konstanter Geschwindigkeit bewegt, verändern sich die Raumkoordinaten und die Zeitkoordinate nach einer bestimmten Vorschrift. Dies berechnet man in der klassischen Mechanik mit der Galilei-Transformation. Bei hohen Geschwindigkeiten wird diese Vorschrift ersetzt durch die →Lorentz-Transformation.

Geodäte In der Differenzialgeometrie und der →Allgemeinen Relativitätstheorie meint Geodäte den Weg durch die →Raumzeit, den Teilchen oder Licht nehmen. Je nach Masse des Teilchens unterscheidet man zeitartige Geodäten für normale Teilchen mit endlicher (Ruhe-)Masse, lichtartige oder Nullgeodäten für Licht (Ruhemasse null) und raumartige Geodäten (imaginäre Masse, z. B. für Tachyonen).

Gravitationslinseneffekt Ein Phänomen, bei dem Licht infolge der Gravitation abgelenkt wird. Grund dafür ist eine Masse oder eine andere Energieform, die die →Raumzeit krümmen und entsprechend die →Geodäten verbiegen.

Gravitationsradius Eine Längeneinheit in der →Allgemeinen Relativitätstheorie, die sich ergibt aus dem Produkt der Newton'schen Gravitationskonstante G, der Masse M und dem Quadrat der Vakuumlichtgeschwindigkeit c. Für den Gravitationsradius gilt dann GM/c^2.

Hierarchieproblem Vergleicht man die relativen Stärken der vier fundamentalen Naturkräfte in der Physik, so ergeben sich deutliche Unterschiede. Am stärksten ist die starke Kraft, die die Quarks z. B. zu Protonen oder Neutronen zusammenhält. Dann folgt die elektromagnetische Kraft, die die Wechselwirkung zwischen elektrischen Ladungen vermittelt. Schließlich haben wir als dritte die schwache Kraft, die u. a. für eine spezielle Form der Radioaktivität (Betazerfall) verantwortlich ist. Weit unterhalb der relativen Stärken dieser drei Kräfte befindet sich die Gravitation. Dieser experimentelle Befund stellt ein Rätsel dar. Eine Hypothese ist, dass sich die Gravitation als einzige der vier Kräfte in →Extradimensionen, den →Bulk, ausbreiten kann. Dadurch würde sie relativ zu den anderen Kräften abgeschwächt werden.

Higgs-Teilchen Teilchen im Standardmodell der Teilchenphysik, das von Peter Higgs 1964 erfunden wurde. Das skalare Feld verleiht den anderen Elementarteilchen eine Ruhemasse, die nicht null ist. Im Juli 2012 gab das CERN bekannt, dass das Higgs-Teilchen am Large Hadron Collider sehr wahrscheinlich entdeckt wurde! Es hat eine Masse von etwa 125 Giga →Elektronenvolt.

Hintergrundunabhängigkeit In den Quantenfeldtheorien werden die Naturkräfte mikroskopisch beschrieben. Dazu ist eine Art „Bühne" notwendig, ein Hintergrund, auf dem die Kräfte agieren. Die Gravitation der →Allgemeinen Relativitätstheorie zeichnet sich dadurch aus, dass sie unabhängig von einem Hintergrund ist. Sie formt über die Krümmung der →Raumzeit gewissermaßen selbst eine dynamische Bühne. Diese Eigenschaft heißt Hintergrundunabhängigkeit (Diffeomorphismeninvarianz) und wird auch von der →Loop-Quantengravitation erfüllt.

Inertialsystem Bezeichnung für ein spezielles Bezugssystem, in dem sich eine kräftefreie Masse gleichförmig geradlinig bewegt. Ein besonderes Inertialsystem (lat. *inert*: träge, untätig) ist das Ruhesystem oder mitbewegte System, in dem sich die Masse relativ zum Beobachter in Ruhe befindet. Dazu auch →Galilei-Transformation und →Lorentz-Transformation.

Isotop Das chemische Element wird festgelegt durch die Anzahl der elektrisch positiv geladenen Protonen im Atomkern. Darüber hinaus gibt es elektrisch neutral geladene Neutronen, die fast genauso schwer sind wie die Protonen. In den Atomkernen des gleichen chemischen Elements können sich unterschiedlich viele Neutronen befinden. Sie werden zusammengefasst mit dem Begriff Isotop, was so viel meint wie der gleiche Ort (gr. *iso, topos*) im Periodensystem der Elemente. Die einfachste Form von Wasserstoff hat nur ein Proton als Atomkern. Die Wasserstoffisotope heißen Deuterium (ein Proton und ein Neutron) und Tritium (ein Proton und zwei Neutronen).

Kausalitätsprinzip Das Kausalitätsprinzip ist der Name für das alltäglich erfahrbare Phänomen, dass die Ursache immer vor der Wirkung kommt. Damit legt dieses Prinzip auch eine Richtung der Zeit, den →Zeitpfeil, fest.

Kernfusion Die „Verschmelzung" von Atomkernen bezeichnet man als Kernfusion. Bei der Fusion leichter Atomkerne zu schwereren wird Energie frei. Genau das geschieht im Inneren von Sternen wie der Sonne und wird daher stellare →Nukleosynthese oder thermonukleare Fusion genannt. Der Kernfusion verdanken wir daher das Sonnenlicht bzw. ganz allgemein Licht der Sterne. Bei allen Elementen, die schwerer sind als Eisen, wird bei der Fusion keine Energie mehr frei. Schwerere Elemente entstehen in anderen Prozessen, wie der explosiven Nukleosynthese.

Kerr-Lösung Der neuseeländische Mathematiker Roy Patrick Kerr veröffentlichte 1963 eine neue Lösung der →Einstein-Gleichung. Sie ist achsensymmetrisch sowie stationär und beschreibt in der →Allgemeinen Relativitätstheorie die →Raumzeit einer rotierenden Masse. Die Kerr-Lösung hat nur zwei Eigenschaften, Masse und Drehimpuls, und wird mit rotierenden →Schwarzen Löchern in Zusammenhang gebracht. Ein besonderer Effekt, der in dieser rotierenden Raumzeit stattfinden kann, heißt →Frame dragging.

Kompaktifizierung Die Vereinigung von Naturkräften und das →Hierarchieproblem motivierten die theoretischen Physiker, über die Existenz von →Extradimensionen nachzudenken. Im Alltag bemerken wir offenbar nichts von den zusätzlichen Raumdimensionen, was sofort die Frage aufwirft, wo sie denn sein sollen. Ein Ansatz ist dabei, dass sie erst bei sehr kleinen Raumabständen in Erscheinung treten. Theoretiker sagen, die Extradimensionen seien kompaktifiziert, gewissermaßen „aufgerollt". Die kritische Größe, bei der die Kompaktifizierung zutage tritt, heißt Kompaktifizierungsradius. In der Tat gibt es Versuche, dies mit Experimenten zu messen; bislang kann man auf der mikroskopischen Skala die Existenz von Extradimensionen bis hinunter zu einigen zehn Mikrometern ausschließen.

Koordinaten Koordinaten sind Zahlenangaben oder Variablen, mit denen man einen Raumpunkt oder ein →Ereignis in der →Raumzeit räumlich und zeitlich festlegen kann. Je nachdem, welche Symmetrie der zu beschreibende Raum bzw. die Raumzeit hat, gibt es dafür geeignete Koordinaten, u. a. kartesische Koordinaten, Kugelkoordinaten oder Zylinderkoordinaten.

Kopplungskonstanten Die vier fundamentalen Naturkräfte erleben wir als unterschiedlich stark (→Hierarchieproblem). Physiker können diese Stärke mit Zahlen angeben, die Kopplungskonstanten genannt werden. Hierbei gehen Naturkonstanten ein, z. B. ist die Kopplungskonstante der Gravitation im Wesentlichen die Newton'sche Gravitationskonstante.

Kosmologisches Prinzip Dem kosmologischen Prinzip gemäß ist kein Ort im Universum gegenüber einem anderen besonders ausgezeichnet. Der Kosmos muss demzufolge in allen Richtungen gleich aussehen, eine Symmetrieeigenschaft, die Isotropie heißt. Außerdem soll die Materie relativ gleichmäßig verteilt sein, was als Homogenität bezeichnet wird. Nach dem perfekten kosmologischen Prinzip sei das Universum in Raum und Zeit unveränderlich und damit statisch. Das widerspricht allerdings den Beobachtungen, weil wir in einem beschleunigt expandierenden Kosmos leben. Mit dem kosmologischen Prinzip lassen sich nur ganz bestimmte Modell-Universen realisieren, z. B. die →Friedmann-Universen.

Lense-Thirring-Effekt Es handelt sich um eine andere Bezeichnung für →Frame dragging, die nach den österreichischen Physikern Joseph Lense und Hans Thirring benannt wurde. Sie entdeckten den Effekt 1918.

Lepton Die Elementarteilchen werden in der Teilchenphysik in zwei Gruppen eingeteilt: den →Quarks und den Leptonen. Beide Teilchenarten weisen keine weitere Substruktur auf und werden in diesem Sinne als punktförmig bezeichnet. Das bekannteste Lepton ist das Elektron, ein elektrisch negativ geladenes Teilchen, das in der Atomhülle zu finden ist. Es hat schwere „Geschwister", nämlich das Myon und das Tau-Teilchen, die (zusammen mit ihren Antiteilchen) ebenfalls Leptonen sind. Auch das Neutrino ist ein Lepton, und es gibt davon wie beim Elektron drei verschiedene: Elektron-, Myon- und Tau-Neutrino.

Lorentzinvarianz Es handelt sich um eine Symmetrieeigenschaft. Eine physikalische Größe heißt lorentzinvariant, wenn sie sich unter →Lorentz-Transformationen nicht verändert. In der →Speziellen Relativitätstheorie gilt die Lorentzinvarianz global, d. h. überall. In der →Allgemeinen Relativitätstheorie gilt sie nur noch lokal, d. h. zu bestimmten →Ereignissen.

Lorentz-Transformation Beim Übergang von einem Bezugssystem in ein anderes, das sich dazu mit konstanter Relativgeschwindigkeit bewegt, wird in der klassischen Mechanik eine →Galilei-Transformation durchgeführt. Bei hohen Geschwindigkeiten, die vergleichbar sind mit der Lichtgeschwindigkeit, muss in der →Speziellen Relativitätstheorie eine andere Transformationsvorschrift verwendet werden: die Lorentz-Transformation. Es gibt sie auch in der →Allgemeinen Relativitätstheorie bei relativ zueinander beschleunigten Bezugssystemen.

Loop-Quantengravitation Die Loop-Quantengravitation (auch Schleifen-Quantengravitation, Schleifentheorie) ist eine neue Theorie der Gravitation, bei der die Gravitation sogar quantisiert wird. Sie geht damit über die →Allgemeine Relativitätstheorie hinaus, indem die →Raumzeit im Prinzip „zerhackt" wird. Es gibt eine Mindestlänge und eine Mindestzeitdauer, die beide auf der →Planck-Skala angesiedelt sind. Die Loop-Quantengravitation fordert die Existenz von „Raumquanten" und „Zeitquanten". In dieser Form einer Quantengravitationstheorie gilt auch die →Hintergrundunabhängigkeit.

Loop-Quantenkosmologie Wendet man die →Loop-Quantengravitation auf das Universum an, dann resultiert eine neue kosmologische Theorie, die Loop-Quantenkosmologie genannt wird. Sie macht neue Aussagen über die Entwicklung des Universums, insbesondere über den Urknall, bei dem es dann keine Urknallsingularität gegeben haben soll.

Mach'sches Prinzip Das Mach'sche Prinzip wurde benannt nach dem deutschen Physiker Ernst Mach. Es besagt, dass Materieverteilungen die Geometrie bestimmen; dass ohne Materie keine Geometrie resultiert und dass ein Körper in einem leeren Universum keine Trägheitseigenschaften hätte.

Mesokosmos Dieser Begriff fasst alles zusammen, was gerade zwischen Mikrokosmos und Makrokosmos anzusiedeln wäre. In der Mikro-Welt gibt es Teilchen und Atome, wohingegen sich die Makro-Welt auf die ganz großen Skalen des Universums bezieht.

Metrik In der →Speziellen und der →Allgemeine Relativitätstheorie ist die Metrik, genauer gesagt der metrische Tensor, die mathematische Darstellung einer →Raumzeit. Die Metrik erfüllt die →Einstein-Gleichung.

Nukleosynthese Dies ist der Fachausdruck für die Entstehung von Atomkernen. In der Astronomie unterscheidet man: die primordiale Nukleosynthese, bei der in den ersten drei Minuten nach dem Urknall die leichtesten chemischen Elemente Wasserstoff, Helium und Lithium entstanden; weiterhin die stellare Nukleosynthese, wo schwerere Atomkerne im Innern von Sternen in der →Kernfusion entstehen; und schließlich die explosive Nukleosynthese, bei der schwerste Elemente wie Gold und Blei in den heißen Explosionsfronten von Supernovae gebildet werden.

Nullgeodäte Die →Geodäte eines Lichtstrahls in der →Allgemeinen Relativitätstheorie.

Perihel Bei einem Himmelskörper im Sonnensystem bezeichnet der Perihel den sonnennächsten Punkt seiner elliptischen Bahn um die Sonne. Auch →Aphel und →Apsidenlinie.

Planck-Skala Eine fundamentale Skala in der Physik (benannt nach dem Quantenphysiker Max Planck), bei der sowohl Effekte der Quantenphysik als auch der →Allgemeinen Relativitätstheorie wichtig werden. Sie ergibt sich aus Gleichsetzen der →Compton-Wellenlänge mit dem →Gravitationsradius. Wesentliche Planck-Größen sind die Planck-Länge, die Planck-Zeit, die Planck-Masse und die Planck-Energie (Zahlenwerte in Kapitel 5.1, Tab. 5.1).

Quant Mit der Quantentheorie wurde um 1900 eine neue Physik begründet. Nach und nach wurde herausgefunden, dass einige physikalische Größen nur in Vielfachen einer kleinsten Größe vorkommen. Die „Mindestportion" heißt Quant und hängt mit einer Naturkonstante zusammen, die Planck'sches Wirkungsquantum getauft wurde. Z. B. ist die Energie quantisiert oder der Drehimpuls von Teilchen.

Quantenfeldtheorie Es gibt verschiedene Quantenfeldtheorien, die eine mikroskopische Beschreibung und ein mikroskopisches Verständnis für den Austausch von Naturkräften liefern. Dabei tauschen „Ladungen" „Botenteilchen" aus, die vermitteln, welche Kraft zwischen ihnen wirkt und wie stark diese ist. Die Felder sind dabei quantisiert (→Quant). Erfolgreiche Quantenfeldtheorien, die sich bewährt haben, sind die Quantenelektrodynamik, die Quantenchromodynamik und die elektroschwache Theorie. Für eine Quantengravitation gibt es einige Kandidaten, darunter die →Stringtheorie und die →Loop-Quantengravitation.

Quantenvakuum Das „Nichts" in der Quantenphysik. Dieser energetisch betrachtet niedrigste und einfachste Zustand ist das Quantenvakuum. Es ist nicht leer, sondern gemäß der Heisenberg'schen Unschärferelation der Quantenphysik angefüllt von Teilchen-Antiteilchen-Paaren, die kommen und verschwinden.

Quark Die Elementarteilchen werden in der Teilchenphysik in zwei Gruppen eingeteilt: den Quarks und den →Leptonen. Beide Teilchenarten weisen keine weitere Substruktur auf und werden in diesem Sinne als punktförmig bezeichnet. Von den Quarks gibt es insgesamt sechs verschiedene: das Up-, Down-, Strange-, Charm-, Bottom- und Top-Quark. Quarks werden durch die starke Kraft in Paaren (Mesonen) oder Trios (Baryonen) zusammengebunden. Alle aus Quarks bestehenden Teilchen heißen Hadronen. Dazu gehören das Proton und das Neutron.

Radiokarbonmethode →C14-Methode

Raum Die „Bühne", auf der sich alles im Kosmos abspielt. Wir kennen drei Raumdimensionen Länge, Breite und Höhe. Physiker diskutieren die Existenz weiterer Raumdimensionen, sogenannte →Extradimensionen. Nach der →Allgemeinen Relativitätstheorie ist der Raum nicht unabhängig von der darin befindlichen Materie, sondern er bildet zusammen mit der →Zeit ein vierdimensionales Kontinuum, die →Raumzeit. Sie ist nicht →hintergrundunabhängig.

Raumzeit Nach der →Relativitätstheorie sind die drei Raumdimensionen und die eine Zeitdimension zu einem vierdimensionalen Gebilde namens Raumzeit verwoben. In der →Speziellen Relativitätstheorie ist die Raumzeit flach. Der →Allgemeinen Relativitätstheorie gemäß wird die Raumzeit durch Massen und durch Energie gekrümmt. Mathematisch drückt das die →Einstein-Gleichung aus.

Relativitätsprinzip Ein fundamentales Prinzip in der →Speziellen Relativitätstheorie, demzufolge es unmöglich ist zu unterscheiden, ob sich ein Bezugssystem relativ in Ruhe befindet oder sich gleichförmig geradlinig bewegt. Anders gesagt, drückt das Relativitätsprinzip aus, dass alle gleichförmig geradlinig bewegten Systeme physikalisch äquivalent sind. Beim Übergang von einem Bezugssystem zu einem anderen vermittelt die →Galilei-Transformation oder →Lorentz-Transformation.

Relativitätstheorie Zusammenfassende Bezeichnung der →Speziellen Relativitätstheorie und der →Allgemeinen Relativitätstheorie, die 1905 bzw. 1915 von Albert Einstein erfunden wurden und die Physik, Astronomie und Kosmologie revolutioniert haben.

Schwarzes Loch Ein kompaktes Objekt, bei dem die Masse so dicht gepackt ist, dass es sogar das Licht verschluckt und daher von außen betrachtet schwarz erscheint. In der →Allgemeinen Relativitätstheorie wurden bestimmte →Raumzeiten entdeckt, darunter die →Schwarzschild-Lösung und die →Kerr-Lösung, die Schwarze Löcher mathematisch beschreiben. Im Innern Schwarzer Löcher wird die Krümmung der Raumzeit unendlich. In jedem Loch sitzt eine →Singularität. In der Umgebung Schwarzer Löcher passieren komische Phänomene, wie die →Zeitdilatation oder →Frame dragging. In der Astronomie spielen Schwarze Löcher eine große Rolle in der Entwicklung von Sternen und Galaxien.

Schwarzschild-Lösung Der deutsche Astronom Karl Schwarzschild veröffentlichte 1916 zwei neue Lösungen der →Einstein-Gleichung. Beide sind kugelsymmetrisch und statisch. Die Erste ist die sogenannte äußere Schwarzschild-Lösung und beschreibt in der

→Allgemeinen Relativitätstheorie die →Raumzeit einer Punktmasse (→Singularität). Die Zweite ist die sogenannte innere Schwarzschild-Lösung und beschreibt die Raumzeit einer Flüssigkeitskugel mit einem Radius, der identisch ist mit dem →Schwarzschild-Radius. Die Schwarzschild-Lösungen haben nur eine Eigenschaft, nämlich Masse. Sie werden mit nicht rotierenden →Schwarzen Löchern in Zusammenhang gebracht.

Schwarzschild-Radius Im Prinzip gibt der Schwarzschild-Radius die Größe eines nicht rotierenden →Schwarzen Loches an. Dieser Radius hängt nur von der Masse ab und wächst linear mit der Masse an. Der Schwarzschild-Radius der Sonne beträgt drei Kilometer. Der Schwarzschild-Radius gibt auch an, wo sich der Ereignishorizont befindet.

Shapiro-Effekt Ein Zeit-Effekt der →Allgemeinen Relativitätstheorie, demzufolge eine bewegte Uhr langsamer tickt, wenn sie sich an einer Masse vorbeibewegt.

Singularität In der →Allgemeinen Relativitätstheorie gibt es →Raumzeiten, die eine Krümmungssingularität aufweisen, d. h., die Krümmung der Raumzeit wird an einer oder mehreren Stellen unendlich. Diese Krümmungssingularitäten sind zu unterscheiden von →Koordinatensingularitäten, bei denen nur die Wahl von ungeeigneten →Koordinaten dazu führt, dass dort eine Singularität, eine „Unendlichkeit", auftritt. Mit geeigneten Koordinaten verschwinden Koordinatensingularitäten.

Spezielle Relativitätstheorie Eine Theorie, die 1905 Albert Einstein veröffentlichte und damit die Welt veränderte. Sie beschreibt, wie sich Größen verändern, wenn man von einem Bezugssystem in ein anderes wechselt, das sich dazu gleichförmig geradlinig bewegt. Einstein forderte die Konstanz der Lichtgeschwindigkeit, sodass seine Theorie auf Relativität von Länge (Längenkontraktion) und Zeit (→Zeitdilatation) führten. Einsteins Relativitätstheorie begründete den Begriff der →Raumzeit. Einstein hat seine Spezielle

Relativitätstheorie 1915 auf beschleunigte Bezugssysteme erweitert und nannte sie dann →Allgemeine Relativitätstheorie.

Spin-Netzwerk In der →Loop-Quantengravitation eröffnen die Spin-Netzwerke einen neuen, eher kombinatorischen Zugang zur →Raumzeit. Hier ist die Raumzeit auch quantisiert. In der Dynamik des Spin-Netzwerks steckt die Gravitation.

Spinschaum Mit der →Loop-Quantengravitation kann man die Gravitation recht abstrakt als →Spin-Netzwerk beschreiben. Die Gravitation wird vollkommen neu gedeutet und ist ein Resultat von sich ständig umbildenden Spin-Netzwerken, die in ihrer Gesamtheit Spinschaum genannt werden.

Stringtheorie Eine Theorie, gemäß der Teilchen und Naturkräfte als oszillierende Fäden (Strings) oder Membrane (→Brane) angesehen werden können. Mit der Stringtheorie gelingt ein Ansatz, um alle Kräfte zu vereinheitlichen. Notwendige Zutat zur Stringtheorie ist allerdings die Existenz von räumlichen →Extradimensionen.

Topologie Dieses Teilgebiet der Mathematik beschäftigt sich mit der Vernetzung eines geometrischen Objekts mit sich selbst oder mit anderen Objekten. In der Kosmologie ist die Topologie wichtig, weil man mit ihr entscheiden könnte, ob wir in einem räumlich unendlichen oder endlichen Universum leben.

Urknallsingularität Mit der →Allgemeinen Relativitätstheorie lässt sich das expandierende Universum als Ganzes beschreiben. Geht man nun in der Vergangenheit zurück, so muss das Universum früher viel kleiner und heißer gewesen sein. Der Anfangszustand war gemäß der Allgemeinen Relativitätstheorie sogar punktförmig, unendlich dicht und unendlich heiß. Dieser hypothetische Zustand wird Urknallsingularität genannt.

Zeit Die Zeit ist neben dem →Raum ein Freiheitsgrad für Materie. Mit dem Parameter Zeit bzw. mit der →Koordinate Zeit können wir angeben, wann ein →Ereignis stattfindet. Zeit hat eine Richtung (→Zeitpfeil), was thermodynamisch mit der →Entropie erklärt werden kann. In der klassischen Physik wurde die Zeit als absolut angesehen. Mit Einsteins →Relativitätstheorie wurde klar, dass die Zeit relativ ist (→Zeitdilatation). Insbesondere hängt sie eng mit dem Raum zusammen und bildet eine vierdimensionale →Raumzeit.

Zeitdilatation Mit der →Relativitätstheorie wurde klar, dass die →Zeit nicht absolut, sondern relativ ist. Es hängt von der Bewegung und von der Nähe zu Massen ab, wie schnell eine Uhr tickt. Die Dehnung der Zeit infolge schneller Bewegung oder einer nahen Masse heißt in der Fachsprache Zeitdilatation.

Zeitpfeil Die →Zeit hat eine Richtung, sodass wir nicht in die Vergangenheit reisen können. Diese Richtung wird mit einem Zeitpfeil in Zusammenhang gebracht und thermodynamisch begründet mit der →Entropie. Das →Kausalitätsprinzip gibt ebenfalls diesen Zeitpfeil vor.

Zusammenhang In der Differenzialgeometrie und der →Allgemeinen Relativitätstheorie meint der Begriff „Zusammenhang" ein ganz bestimmtes mathematisches Objekt. Es eignet sich, um die Krümmung einer →Raumzeit zu berechnen. In Einsteins Allgemeiner Relativitätstheorie müssen die sogenannten→Christoffel-Symbole berechnet werden, die eine spezielle Form eines Zusammenhangs darstellen und auch Levi-Civita-Zusammenhang genannt werden. Eine Berechnung der →Einstein-Gleichung erfordert es, die Christoffel-Symbole auszurechnen. In einer alternativen, aber mathematisch äquivalenten Formulierung von Einsteins Gravitation namens Fernparallelismus benutzt man einen anderen Zusammenhang, den sogenannten Weitzenböck-Zusammenhang.

Abbildungsverzeichnis

Abb. 2.2.1 Drei senkrecht aufeinanderstehende Raumachsen bilden ein „Zimmer", einen dreidimensionalen Raum. Ein beliebiger Punkt P im Raum wird durch die Angabe von drei Zahlen (x, y, z) eindeutig festgelegt, von denen man jeweils eine an der betreffenden Achse ablesen kann. Die drei Zahlen, Mathematiker nennen es ein Tripel, sind in diesem Fall die kartesischen Koordinaten. © A. Müller

Abb. 2.2.2 Für einen halbkugelförmigen Raum, z. B. ein Planetarium, bietet sich ein anderes Koordinatensystem an, das an die Kugelform angepasst ist: Kugelkoordinaten. Ein beliebiger Punkt P im Raum wird hier eindeutig durch seinen Abstand vom Kugelzentrum, dem Radius r, sowie zwei Winkeln, dem Azimut ϕ und dem Poloidalwinkel θ, festgelegt. © A. Müller

Abb. 2.2.3 Globus mit Breitenkreisen. Es handelt sich um Großkreise, mit denen auf einer Kugeloberfläche nördliche oder südliche Breite angegeben werden können. © A. Müller

Abb. 2.2.4 Globus mit Längenkreisen. Zusätzlich zu den Breitenkreisen gibt es Großkreise, die westliche oder östliche Länge markieren. Erst beide Angaben zusammen – geografische Breite und geografische Länge – legen eindeutig einen Punkt auf der Kugeloberfläche fest. © A. Müller

Abb. 2.4.1 Ein Bus fährt mit einer gleichbleibenden Geschwindigkeit von 50 km/h immer geradeaus. Nach 30 Minuten Fahrt hat er 25 Kilometer zurückgelegt. Geschwindigkeit entspricht Weg pro Zeit. © A. Müller

Abb. 2.4.2 In diesem Weg-Zeit-Diagramm ist die Geschwindigkeit einfach die Steigung der Geraden. Wenn das Fahrzeug sich gleichförmig geradlinig bewegt und nach einer Stunde 50 Kilometer zurückgelegt hat, so fährt es folgerichtig konstant 50 km/h. © A. Müller

Abb. 2.4.3 Zwei gleichförmig geradlinig bewegte Körper, z. B. Busse, mit unterschiedlichen Geschwindigkeiten im Weg-Zeit-Diagramm. Der Schnellere von beiden legt im gleichen Zeitintervall mehr Weg zurück. Je steiler die Gerade, desto schneller ist das bewegt Objekt. © A. Müller

Abb. 3.1.1 Tagbogen. Die scheinbaren Bahnen der Sonne am Himmel im Sommer und im Winter. © A. Müller.

Abb. 3.1.2 Ekliptik und Jahreszeiten. Die Rotationsachse der Erde ist um ca. 23,5° gegenüber der Ebene geneigt, in der sich die Planeten um die Sonne bewegen. Dadurch variiert im Verlauf eines Jahres der Winkel, unter dem die Sonnenstrahlen auf die Erde treffen. Die unterschiedliche Erwärmung bedingt dann die Jahreszeiten. © A. Müller

Abb. 3.2.1 Maya-Pyramide des Kukulcán in Chichén Itzá. © Shawn Christie, Plymouth, USA

Abb. 3.3.1 Wasseruhr aus gebranntem Ton um 400 v. Chr. Fundort: Quelle in der Südwestecke der Agora, Athen. Diese sogenannte Klepshydra wurde für den Gerichtshof von Athen zur Begrenzung der Redezeit benutzt. Bei Beginn der Rede wird der Stöpsel entfernt. Mit einem Fassungsvermögen von 6,4 Litern dauerte die Entleerung sechs Minuten. © akg-images / John Hios

Abb. 3.3.2 Sonnenuhr in Görlitz. © Lutz Pannier, Görlitz.

Abb. 3.3.3 Der Neutronenstern rotiert um die schwarze Drehachse. Davon weicht die rote Achse des Magnetfelds ab. Vor allem Elektronen werden entlang der roten Achse nach rechts oben und links unten beschleunigt, siehe „Materieausfluss". Dabei strahlen sie Synchrotronstrahlung ab, die die Astronomen noch in großer Entfernung als Pulsar beobachten können, falls der Strahlungskegel die Erde trifft. © A. Müller

Abb. 3.3.4 Crab-Nebel. Der Überrest nach einer Sternexplosion, einer Supernova Typ II im Sternbild Stier. © NASA/ESA/HST, Hester & Loll 2005.

Abb. 3.3.5 Röntgenfoto zweier sich umkreisender Neutronensterne im Sternhaufen M15, aufgenommen mit dem Röntgenteleskop Chandra. Die auf die Neutronensterne herunterprasselnde Materie erzeugt das helle Röntgenleuchten. © NASA/GSFC/N. White & L. Angelini 2001

Abb. 3.3.6 Kugelsternhaufen NGC 6934. © NASA/ESA/HST 2010

Abb. 3.4.1 Astronomische Zeitreise „Vom Mond fast bis zum Urknall", eine Zusammenstellung nach einer Idee von A. Müller. © der Einzelbilder: Mond: Galileo-Mission, NASA/JPL 2002. Sonne: SOHO 1997. Pluto: NASA/ESA/HST, H. Weaver (JHU/APL), A. Stern (SwRI) and the HST Pluto Companion Search Team 2006. Proxima Centauri: Infrarotaufnahme des Digitized Sky Survey, U.K. Schmidt, STScI, USA. Plejaden: NASA/ESA/AURA, CalTech, HST 2004. Offener Sternhaufen NGC 129: Digital Sky Survey www.seds.org. Milchstraße: 2MASS, The Micron All Sky Survey Image Mosaic, Infrared Processing and Analysis Center/ CalTech & University of Massachusetts, USA. Andromeda-Galaxie: Bill Schoening, Vanessa Harvey/REU program/NOAO/AURA/NSF. Galaxie M87: NASA/ESA/HST 2000. Quasar 3C273: NASA/ESA/ HST 2003. GRB090423: NASA/Swift, Stefan Immler 2009. Karte der Hintergrundstrahlung: NASA/WMAP Science Team 2002

Abb. 3.5.1 Zwei flüchtig betrachtet ununterscheidbare Makrozustände, die aus gleichen Elementen aufgebaut werden, deren Anordnung sich auf der Mikroebene unterscheidet. Der Unterschied zwischen links und rechts ist, dass die Elemente nur neu gemischt wurden. © A. Müller

Abb. 3.5.2 Optische Fotografie der Andromeda-Galaxie M31, einer Nachbargalaxie der Milchstraße in zwei Millionen Lichtjahren Entfernung. © Bill Schoening, Vanessa Harvey/REU program/ NOAO/AURA/NSF

Abb. 3.5.3 Luftballon-Universum und rotverschobene Lichtwelle. © A. Müller

Abb. 3.5.4 Kurze Geschichte des Universums. © Exzellenzcluster Universe, München, Ulrike Ollinger

Abb. 3.6.1 Die sechs Quarks up, down, strange, charm, bottom, top und ihre sechs Anti-Quarks sind Elementarteilchen im Standardmodell der Teilchenphysik. Die Quarks können sich zu Paaren – den Mesonen – oder zu Trios – den Baryonen – zusammenfinden. © A. Müller

Abb. 3.6.2 Das Standardmodell der Teilchenphysik. Die Quarks und Leptonen teilen sich auf drei Familien auf. Zusätzlich erforderlich ist das Higgs-Teilchen, das im Sommer 2012 experimentell nachgewiesen werden konnte. © Exzellenzcluster Universe, München, Ulrike Ollinger

Abb. 3.7.1 Galerie von Galaxien mit Supernovae Typ Ia vor (unten) und nach (oben) der Explosion, aufgenommen mit dem Weltraumteleskop Hubble. © Riess et al., HST, NASA, ESA 2004

Abb. 3.7.2 Bestimmung der Anteile von Dunkler Energie und Dunkler Materie im lokalen Universum mit drei astronomischen Methoden. © Supernova Cosmology Project, Suzuki et al., Astrophysical Journal 746, 85, 2012

stein-Ringe möglich. Ähnliches geschieht bei Lichtstrahlen, die nah am Sonnenrand vorbeilaufen, nur dass keine Doppel- oder Mehrfachbilder entstehen, sondern der Sternenhintergrund hinter der Sonne verzerrt wird. © A. Müller

Abb. 4.5.4   Shapiro-Effekt von Radiowellen an der Sonne. © A. Müller

Abb. 4.5.5   Lichtwege um ein rotierendes Schwarzes Loch in dessen Äquatorebene. Das Licht wird von der rotierenden Raumzeit auf Spiralwege gezwungen, ein Effekt der „frame dragging" genannt wird. © Mag. Dr. Werner Benger; Konrad-Zuse-Zentrum für Informationstechnik, Berlin; Max-Planck-Institut für Gravitationsphysik, Potsdam; Center for Computation & Technology at Louisiana State University, USA; Institute for Astro- and Particle Physics at University of Innsbruck, Austria

Abb. 4.5.6   Künstlerische Darstellung der rotierenden Raumzeit der Erde und des Satelliten Gravity Probe B, der von der Raumzeit mitgedreht wird. © James Overduin, Pancho Eekels und Bob Kahn

Abb. 4.6.1   „Raumzeit-Delle" eines kugelsymmetrischen Sterns. Zwecks Anschaulichkeit wurden eine Raum- und die Zeitdimension unterdrückt. Entlang der waagerechten Achsen sind zwei Raumdimensionen aufgetragen und entlang der Vertikalen die Krümmung. Man erkennt, wie die Krümmung von außen – Krümmung null; flach – nach innen stark zunimmt. © A. Müller

Abb. 4.6.2   „Raumzeit-Loch" eines kugelsymmetrischen Schwarzen Lochs. Hier wird die Delle zu einer Art Trichter. Dort sitzt die Krümmungssingularität. © A. Müller

Abb. 4.7.1   Links: Eine Gravitationswelle läuft senkrecht zur Papierebene ein und trifft eine ringförmige Anordnung von Testmassen. Die Schnappschüsse zeigen von oben nach unten, was mit dem Ring geschieht. Zunächst ist der Ring kreisrund (Phase 1). Dann dehnt die Gravitationswelle zunächst die Anordnung in senkrechter Richtung und staucht sie horizontal (Phase 2). Danach schwingt der Ring in seine Ausgangsposition zurück (Phase 3). Schließlich schwingt die Anordnung der Testmassen entgegengesetzt zu Phase 2 so, dass sie senkrecht gestaucht und horizontal gestreckt wird (Phase 4). Danach wiederholt sich der periodische Vorgang wieder und startet mit Phase 1. Rechts: Ein L-förmiges Messgerät für Gravitationswellen würde wie der Ring entsprechend schwingen und sich periodisch mal horizontal verkürzen und mal horizontal strecken. Genau dieses Messprinzip wird beim deutschen Gravitationswellen-Detektor GEO600 angewendet. © A. Müller

Abb. 4.8.1 Die drei Krümmungstypen der FLRW-Universen in Abhängigkeit vom totalen Dichteparameter Ω_0. Die eingezeichneten Dreiecke zeigen, dass die Winkelsumme von oben nach unten größer, kleiner, gleich 180° ist. © NASA/WMAP Science Team

Abb. 4.8.2 Zeitliche Entwicklung des Weltradius für Universen mit unterschiedlichem Materie- und Energieinhalt. © A. Müller und NASA/WMAP Science Team

Abb. 5.2.1 Kräftemessen der vier Fundamentalkräfte der Physik. Die Gravitation ist bei Weitem die schwächste aller Kräfte und liegt viele Zehnerpotenzen unterhalb der Stärken der anderen Kräfte. Die Skala ist nicht maßstabsgetreu. © A. Müller

Abb. 5.2.2 Stärke eines Feldes im Feldlinienbild. Je dichter die Feldlinien beieinanderstehen, umso stärker ist dort das Feld. Das Feld nimmt in der Nähe der Ladung zu. © A. Müller

Abb. 5.2.3 Zusätzliche Abschwächung der Gravitation, die sich in den „Extraraum" – den Bulk – ausbreiten kann, während die anderen Felder des Standardmodells auf den uns vertrauten dreidimensionalen Raum – der Bran – beschränkt sind. © A. Müller

Abb. 5.3.1 Ölgemälde „Un dimanche après-midi à l'Île de la Grande Jatte" des französischen Künstlers Georges Seurat. © akg-images / Erich Lessing

Abb. 5.3.2 Polyeder-Darstellung von Spin-Netzwerken. © A. Müller

Abb. 5.3.3 Spinschaum und Zeitsprünge. © A. Müller

Abb. 6.1.1 Branenkollision im Ekpyrotischen Modell und Zyklisches Universum. © A. Müller

Abb. 6.1.2 Übersicht der kosmischen Phasen von der Planck-Ära bis heute. Die Übersicht zeigt besondere Epochen und ihre zeitliche Einordnung auf der Zeitachse in Sekunden. Sofort fällt auf, wie gigantisch die erfasste Zeitspanne ist: 60 Zehnerpotenzen auf der Sekundenskala. © A. Müller

Die Darstellungen der Flächen im dreidimensionalen Raum in Abb. 4.6.1 und 4.6.2 wurden mit der Apple-Software „grapher" (Version 2.1) gerendert.

Danksagungen

Ich danke herzlichst Prof. Dr. Hermann Nicolai, Direktor am Max-Planck-Institut für Gravitationsphysik in Golm, für das Vorwort.

Vielen Dank Shawn Christieaus Plymouth (USA) für das gelungene Foto der Maya-Pyramide des Kukulcán in Chichén Itzá (Abb. 3.2.1 in Kapitel 3.2).

Ein herzliches Dankeschön an Lutz Pannier aus Görlitz für Foto und Text zur Beschreibung der Sonnenuhr am Untermarkt in Görlitz (Abb. 3.3.2 in Kapitel 3.3).

Besten Dank an Mag. Dr. Werner Benger, Universität Innsbruck, für die ästhetische Simulation der Nullgeodäten in der Kerr-Geometrie (Abb. 4.5.5 in Kapitel 4.5).

Vielen Dank an Prof. Dr. Kristina Giesel, Friedrich-Alexander-Universität Erlangen-Nürnberg, Institut für Theoretische Physik III, für wertvolle Kommentare und Anregungen zum Thema Quantengravitation (Kapitel 5.3).

Ich danke sehr meinen Kolleginnen und Kolleginnen im Exzellenzcluster Universe der Technischen Universität München. Dieses einmalige wissenschaftliche Umfeld ist optimal, um aktuelle Forschung in Kern-, Teilchen- und Astrophysik, Astronomie und Kosmologie zu verfolgen. Die interdisziplinäre Zusammenarbeit stimuliert mich sehr.

Schließlich danke ich meiner Familie – Anja, Pascal und Dominic –, die mich im Entstehungsprozess dieses Buches sehr unterstützt hat. Was wären Raum und Zeit ohne Euch?

Quellen und weitere Literatur

Appenzeller, Immo: Carl Wirtz und die Hubble-Beziehung. In: Sterne und Weltraum, November 2009, S. 44–52.

Bertotti, Bruno et al.: A test of general relativity using radio links with the Cassini spacecraft. In: nature 425, 374–376, 2003.

Bührke, Thomas: Biographie Albert Einstein (dtv 2004).

Bojowald, Martin: Der Ur-Sprung des Alls. In: Spektrum der Wissenschaft, Mai 2009, S. 26–32.

Bojowald, Martin: Zurück vor den Urknall: Die ganze Geschichte des Universums (Fischer Verlag, Frankfurt 2010).

Camenzind, Max: Compact Objects in Astrophysics: White Dwarfs, Neutron Stars and Black Holes (Springer Verlag 2007).

D'Inverno, Ray: Einführung in die Relativitätstheorie (VCH Verlagsgesellschaft Weinheim, 1995).

Fohlmeister, Janine et al.: The Rewards of Patience: An 822 Day Time Delay in the Gravitational Lens SDSS J1004+4112. In: Astrophysical Journal 676, 761, 2008.

Frolov, Valeri P.: Introduction to Black Hole Physics (Oxford University Press 2011).

Giesel, Kristina: Loop-Quantengravitation. In: Sterne und Weltraum, Juli 2011, S. 30–41.

Gott, J. Richard III: Zeitreisen in Einsteins Universum (Rowohlt, rororo, 2002).

Hetznecker, Helmut: Expansionsgeschichte des Universums: Vom heißen Urknall zum kalten Kosmos (Astrophysik Aktuell, Spektrum Akademischer Verlag Heidelberg, 2007).

Janka, Hans-Thomas: Supernovae und kosmische Gammablitze: Ursachen und Folgen von Sternexplosionen (Astrophysik Aktuell, Spektrum Akademischer Verlag Heidelberg, 2011).

Kerr, Roy P.: Gravitational Field of a Spinning Mass as an Example of Algebraically Special Metrics. In: Physical Review Letters 11, S. 237–238, 1963.

Lesch, Harald & Müller, Jörn: Kosmologie für Fußgänger: Eine Reise durch Universum (Goldmann Verlag 2001).

Minkowski, Hermann: Das Relativitätsprinzip. In: Annalen der Physik. 352, Nr. 15, 1907/1915, S. 927–938.

Minkowski, Hermann: Die Grundgleichungen für die elektromagnetischen Vorgänge in bewegten Körpern. In: Nachrichten von der Gesellschaft der Wissenschaften zu Göttingen, Mathematisch-Physikalische Klasse. 1908, S. 53–111.

Misner, Charles W.; Thorne, Kip S.; Wheeler, John A.: Gravitation (WH Freeman, San Francisco 1973).

Müller, Andreas: Schwarze Löcher – Die dunklen Fallen der Raumzeit (Astrophysik Aktuell, Spektrum Akademischer Verlag Heidelberg, 2009).

Pauldrach, Adalbert: Dunkle kosmische Energie: Das Rätsel der beschleunigten Expansion des Universums (Astrophysik Aktuell, Spektrum Akademischer Verlag Heidelberg 2010).

Penrose, Roger: Zyklen der Zeit: Eine neue ungewöhnliche Sicht des Universums (Spektrum Akademischer Verlag Heidelberg 2011).

Popper, Sir Karl Raimund: Logik der Forschung (Verlag J. C. B Tübingen 1994).

Schwarzschild, Karl: Über das Gravitationsfeld eines Massenpunktes nach der Einsteinschen Theorie. In: Sitzungsberichte der Königlich Preußischen Akademie der Wissenschaften, 1, 189–196, 1916.

Schwarzschild, Karl: Über das Gravitationsfeld einer Kugel aus inkompressibler Flüssigkeit nach der Einsteinschen Theorie. In: Sitzungsberichte der Königlich Preußischen Akademie der Wissenschaften, 1, 424–434, 1916.

Shapiro, Irwin I. et al.: Fourth Test of General Relativity: Preliminary Results. In: Physical Review Letters 20, S. 1265–1269, 1968.

Suzuki et al.: The Hubble Space Telescope Cluster Supernova Survey: V. Improving the Dark Energy Constraints Above $z > 1$ and Building an Early-Type-Hosted Supernova Sample. In: Astrophysical Journal 746, 85, 2012.

Weiß, Achim: Sterne: Was ihr Licht über die Materie im Kosmos verrät (Astrophysik Aktuell, Spektrum Akademischer Verlag Heidelberg, 2008).

Weyl, Hermann: Raum, Zeit, Materie – Vorlesungen über Allgemeine Relativitätstheorie (Springer Verlag 1993; Erstauflage 1918).

Will, Clifford M.: Theory and experiment in gravitational physics. Cambridge University Press, Cambridge (1993).

Web-Links

Web-Lexikon von Andreas Müller: www.astronomiewissen.de

Web-Essay „Was ist Zeit?" von Andreas Müller: http://www.wissenschaft-online.de/astrowissen/zeit.html

Blog von Andreas Müller: http://www.scilogs.de/kosmo/blog/einsteins-kosmos

Wikipedia: http://de.wikipedia.org

Index

Printed in the United States
By Bookmasters